高等农林教育"十三五"规划教材
全国高等院校动物医学类专业系列教材

兽医内科学实验教程

第2版

唐兆新　主编

中国农业大学出版社
·北京·

内 容 简 介

本书是面向21世纪课程教材《兽医内科学》(第2版,黄克和主编)的配套实验教程,主要根据兽医内科学学科临床的发展需求而编写,以提高兽医临床疾病诊断和治疗能力,认识疾病的发生和发展规律,培养学生的临床实践能力。

本书内容涉及3个部分,第一部分兽医基础临床操作技术,如注射法、穿刺法、导尿术、犬猫气管冲洗技术、心肺复苏技术、瘤胃液的采集与检验以及牛胃内金属物探测和吸取等;第二部分常见内科疾病诊疗,如反刍兽单纯性消化不良、家畜支气管炎、动物尿路结石、畜禽铜中毒等疾病的临床诊疗程序;第三部分病理模型的复制与诊疗,包括胃肠炎、肺炎、膀胱炎和反刍兽过食谷物(豆类)中毒、有机磷农药中毒和亚硝酸盐中毒的复制与诊疗。

本书内容翔实,操作步骤明确,可作为兽医专业临床实践的必修课教材。通过本课程学习,不仅可培养学生们的临床实践技能,而且可拓展学生们的科研和创新能力。

图书在版编目(CIP)数据

兽医内科学实验教程/唐兆新主编.—2版.—北京:中国农业大学出版社,2020.7

ISBN 978-7-5655-2374-8

Ⅰ.①兽… Ⅱ.①唐… Ⅲ.①兽医学-内科学-实验-高等学校-教材 Ⅳ.①S856-33

中国版本图书馆CIP数据核字(2020)第111165号

书　名　兽医内科学实验教程　第2版

作　者　唐兆新　主编

策划编辑　潘晓丽　　**责任编辑**　潘晓丽

封面设计　郑　川

出版发行　中国农业大学出版社

社　址　北京市海淀区圆明园西路2号　　**邮政编码**　100193

电　话　发行部 010-62733489,1190　　读者服务部 010-62732336

编辑部 010-62732617,2618　　出　版　部 010-62733440

网　址　http://www.caupress.cn　　**E-mail** cbsszs@cau.edu.cn

经　销　新华书店

印　刷　北京鑫丰华彩印有限公司

版　次　2020年7月第2版　　2020年7月第1次印刷

规　格　787×980　　16开本　　9.5印张　　175千字

定　价　28.00元

第2版编审人员

主　编　唐兆新　华南农业大学

副主编　张乃生　吉林大学
袁　慧　湖南农业大学
邓俊良　四川农业大学
黄会岭　河北农业大学

参　编　**(以姓氏笔画为序)**
向瑞平　河南牧业经济学院
刘玉清　佛山科技学院
李前勇　西南大学
李家奎　华中农业大学
吴金节　安徽农业大学
张彩英　江西农业大学
胡国良　江西农业大学
徐世文　东北农业大学
郭剑英　华南农业大学
崔焕忠　吉林农业大学
韩庆月　华南农业大学
潘家强　华南农业大学
魏学良　西南大学

主　审　王小龙　南京农业大学

第1版编审人员

主　编　唐兆新　华南农业大学

副主编　张乃生　吉林大学
　　　　袁　慧　湖南农业大学
　　　　邓俊良　四川农业大学
　　　　黄会岭　河北农业大学

参　编　（以姓氏笔画排序）
　　　　向瑞平　郑州牧业工程高等专科学校
　　　　刘玉清　佛山科技学院
　　　　李前勇　西南大学
　　　　李家奎　华中农业大学
　　　　吴金节　安徽农业大学
　　　　张彩英　江西农业大学
　　　　胡国良　江西农业大学
　　　　徐世文　东北农业大学
　　　　崔焕忠　吉林农业大学
　　　　潘家强　华南农业大学
　　　　魏学良　西南大学

主　审　王小龙　南京农业大学

第2版前言

《兽医内科学实验教程》第1版于2006年出版以来，在全国多个高校动物医学专业的兽医内科学实验教学中被选用，其内容主要是针对大动物内科学而言的，但随着小动物医学专业或学科的开设，第1版已远远不能满足实验需要。

《兽医内科学实验教程》第2版在原来教学内容的基础上，突出反映了兽医内科学的发展方向和临床实践的重要性，特别强调了临床常用技术的实践环节，如气管冲洗技术、心肺复苏技术等宠物临床必须掌握的技术环节，同时增加了犬、猫常见疾病如膀胱炎的病例复制与诊疗内容，以培养适合现代临床兽医疾病诊断和治疗的各项能力。本实验教程主要供动物或小动物医学等专业本科生教学使用。

虽然在兽医内科学教学环节的动物医院实习中，根据病例的分析和诊疗环节开展更为深入的教学结合，内容涉及常见临床综合征和内科学疾病的诊断、治疗和预防环节等诸多内容，但由于教学时数的限制和教学实践安排方面的问题，难以达到所学即用的效果。各高校在教学环节中，可以根据兽医临床能力培养的需要，有选择地开展本教材的实验内容。随着各校越来越重视实践教学环节，特别是国家执业兽医师制度的实施，将对本教材内容的逐步完善起到促进作用。

本教材在编写过程中逐步加强实践环节的内容，但仍然存在许多不足之处，热忱希望各校师生在使用本教材的过程中，斧正相关内容，以便在应用中逐步提高。

唐兆新

2020年4月

第1版前言

“兽医内科学实验”是动物医学专业主干课程“兽医内科学”的实验部分。本教材主要供动物医学专业或相近专业本科生的教学用书。《兽医内科学实验教程》在体现现代教学内容的同时，兼顾教材的系统性和完整性，在体现单个疾病的同时，体现兽医内科学在教学内容上的代表性，这样既有利于不同农业院校的教学实践，同时也便于学生学习和掌握兽医内科学的重点内容；掌握疾病的临床诊断要点，启发学生学习的积极性和思维方式以及重点培养学生的临床动手能力，掌握兽医临床基本操作技能、常见疾病的诊断和治疗以及病例书写能力。

为了提高学生理论联系实际解决问题的能力，培养学生的独立思考能力和独立操作能力，提高教师兽医内科学实验课程的教学质量，编者查阅国内外参考资料，结合各个高等农业院校兽医专业实验课程的开设情况，总结并吸收近年来教学中的实践经验，编写了《兽医内科学实验教程》。

近年来，一批优秀中青年专家已成为我国兽医内科学教学的主力军，教学科研成果丰厚，在国内外产生了很大的影响，我们邀请和组织了一批具有高学位、高职称、同时具有较高学术水平的专家组成编写委员会。本书力求体现先进性、系统性、完整性和创新性的统一。在内容取舍上，本书增添了一些临床出现的新内容，使教材、教学与临床实践更好地统一结合，力求体现时代特征，为生产服务，为我国经济建设服务。但由于各高校课程设置和课时分配的差异较大，特别是课时数不同，各高校可根据实际情况选择开展适合本地区的兽医内科学实验。

本教材在全体参编人员的共同努力下，力求内容翔实、编排完整，对所涉及的国家技术标准和规范进行了统一，为广大教师和学生提供操作性和实用性较强的实验内容。但限于编者的水平和能力，本教材虽经过多次审阅，仍难免存在疏漏之处，切盼师生不吝惠教。

编 者

2006 年 7 月

目　录

上篇　基础训练

中篇　常见内科疾病诊疗

下篇　病理模型复制与诊疗

上篇

基 础 训 练

实验一 常用治疗技术训练——肌肉注射、皮下注射、静脉注射

一、实验目的与要求

(1)静脉注射、肌肉注射和皮下注射是临床最常用的 3 种治疗技术,通过本次实验,要求掌握不同种类动物的常用注射部位、注射方法及注意事项。

(2)掌握不同的注射方法的临床应用范围和时机。

实验学时:3 学时。

二、实验材料与设备

1. 注射盘

常规放置下列物品:

(1)无菌持物钳。

(2)皮肤消毒液(2%碘酊和 70%乙醇)。

(3)砂轮、棉签、乙醇棉球罐,小动物静脉注射加止血带和/或止血钳。

2. 注射器和针头

玻璃注射器、金属注射器、一次性塑料注射器,针对不同实验动物其容量分为 1 mL,2.5 mL,5 mL,10 mL,20 mL,30 mL,50 mL,100 mL 等规格,针头有 4½,5,5½,6,6½,7,8,9,12,16,20 等规格。大量输液时则有容量较大的输液瓶(吊瓶)。如有特殊需要,准备装甲注射器、连续注射器、远距离吹管注射器等。注射针头则根据其内径大小及长短而分为不同型号。

注射法是使用无菌注射器或输液器将药液直接注入动物体组织内、体腔或血管内的给药方法,是临床治疗上最常用的技术,具有给药量小、确实、奏效快等优点。

三、实验方法与步骤

(一)皮下注射

皮下注射(subdermal injection,SI)是将药液注入皮下结缔组织内的方法。将

药液注射于皮下结缔组织内，经毛细血管、淋巴管吸收进入血液，发挥药效作用而达到防治疾病的目的。凡是易溶解、无强刺激性的药品及疫苗、菌苗、血清、抗螨虫药(如伊维菌素)等，某些局部麻醉或术前给药，不能口服或不宜口服药物要求在一定时间内发生药效时，均可作皮下注射。

1. 部位

多选在皮肤较薄、富有皮下组织、活动性较大的部位。大动物多在颈部两侧；猪在耳根后或股内侧；羊在颈侧、背胸侧、肘后或股内侧；犬、猫在背胸部、股内侧、颈部和肩胛后部；禽类在翼下。

2. 方法

(1)药液的吸取。安瓿的瓶口首先用酒精棉球消毒，然后用砂轮切掉瓶口的上端，再将连接在注射器上的注射针插入安瓿的药液内，慢慢抽拉内芯。当注射器内混有气泡时，必须把它排出。此时注射针要安装牢固，以免掉脱。

(2)消毒。注射局部，首先要进行剪毛、洗净、擦干，除去体表的污物。在注射时要切实保定患畜，对术者的手指及注射部位要进行消毒。

(3)注射。注射时，术者左手中指和拇指捏起注射部位的皮肤，同时以食指尖下压呈皱褶陷窝，右手持连接针头的注射器，针头斜面向上，从皱褶基部陷窝处和皮肤成30°～40°角，刺入针头的2/3(根据动物体型的大小，适当调整进针深度)，此时如感觉针头无阻抗且能自由活动，左手把持针头连接部，右手抽吸无回血即可推压针筒活塞注射药液(图1-1)。如需注射大量药液时，应分点注射。注完后，左手持干棉签按住刺入点，右手拔出针头，局部消毒。必要时可对局部进行轻轻按摩，促进吸收。当要注射大量药液时，应利用深部皮下组织注射，这样可以延缓吸收并能辅助静脉注射。

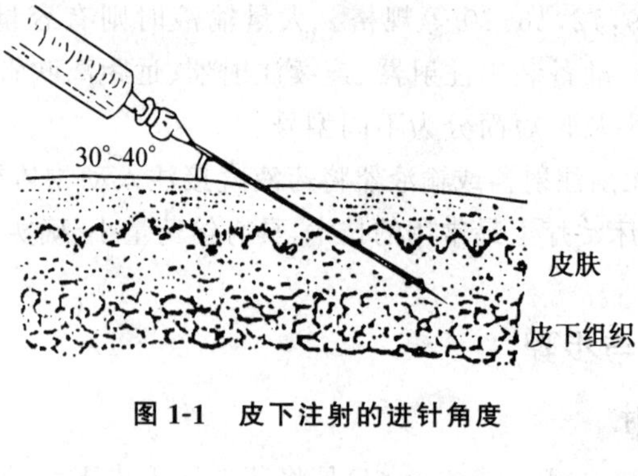

图1-1　皮下注射的进针角度

3. 特点

(1)皮下注射的药液,可通过皮下结缔组织分布广泛的毛细血管吸收而进入血液。

(2)药物的吸收比经口给药和直肠给药发挥药效快而确实。

(3)与血管内注射比较,没有危险性,操作容易,大量药液也可注射,而且药效作用持续时间较长。

(4)皮下注射时,因药物的种类不同,有时会引起注射局部的肿胀和疼痛。

(5)皮下有脂肪层,吸收较慢,一般经 5～10 min,才能呈现药效。

(6)注射少于 1 mL 的药液,必须使用 1 mL 注射器,以保证注入药液计量准确。

4. 注意事项

(1)刺激性强的药品不能作皮下注射,特别是对局部刺激较强的钙制剂、砷制剂、水合氯醛及高渗溶液等,易诱发炎症,甚至组织坏死。

(2)多量注射补液时,需将药液加温后分点注射。注射后应轻轻按摩或进行温敷,以促进吸收。长期注射者应经常更换注射部位,建立轮流交替注射计划,达到在有限的注射部位吸收最大药量的效果。

(二)肌肉注射

肌肉注射(intramuscular injection,IM)是将药物注入肌肉内的方法。肌肉内血管丰富,药液注入肌肉内吸收较快。由于肌肉内的感觉神经较少,疼痛轻微,故一般适用于刺激性较强和较难吸收的药液,进行血管内注射有副作用的药液,油剂、乳剂等不能进行血管内注射的药液,为了减缓吸收,持续发挥作用的药液等,均可应用肌肉注射。但由于肌肉组织致密,仅能注射较少量的药液。

1. 部位

大动物如犊、驹、羊等多在颈侧及臀部;犬、猫多在大腿内侧四头肌肌群,也可以注射动物后背脊柱两侧的胸背最长肌肌群;猪在耳根后、臀部或股内侧;禽类在胸肌部或大腿部。但应避开大血管及神经径路的部位。

2. 方法

根据动物种类和注射部位的不同,选择大小适当的注射针头,犬、猫一般选用 7 号,猪、羊用 12 号,牛、马用 16 号。

(1)动物适当保定,局部常规消毒处理。

(2)左手的拇指与食指轻压注射局部,右手持注射器,使针头与皮肤呈垂直,迅速刺入肌肉内。一般刺入 2～3 cm(小动物酌减),而后用左手拇指与食指握住露出皮外的针头结合部分,以食指指节顶在皮上,再用右手抽动针管活塞,观察无回血后,即可缓慢注入药液。如有回血,可将针头拔出少许再行试抽,见无回血后方可注入药液。注射完毕,用左手持酒精棉球压迫针孔部,迅速拔出针头。

(3)为术者安全起见,也可以右手持注射针头,迅速用力直接刺入局部,然后左手持针头,右手持注射器,使二者紧密接触,再行注射药液。这一方法主要适用于牛、马等大动物。

3. 特点

(1)肌肉注射由于吸收缓慢,能长时间保持药效、维持血药浓度。

(2)肌肉比皮肤感觉迟钝,因此注射具有刺激作用的药物,特别是刺激性强的药物,如长效土霉素注射液,可深部肌肉注射,不会引起剧烈疼痛。

(3)由于动物的骚动或操作不熟练,注射针头和注射器(玻璃或塑料注射器)的接合头易折断。

4. 注意事项

(1)针体刺入深度,一般只刺入 2/3,切勿把针梗全部刺入,以防针梗从根部衔接处折断。

(2)强刺激性药物如水合氯醛、钙制剂、浓盐水等,不能肌肉注射。

(3)注射针头如接触神经时,动物则感觉疼痛不安,此时应变换针头方向,再注射药液。

(4)万一针体折断,保持局部与肢体不动,迅速用止血钳夹住断端拔出。如不能拔出时,先将病畜保定好,防止骚动,行局部麻醉后迅速切开注射部位,用小镊子或持针钳、止血钳拔出折断的针体。

(5)长期进行肌肉注射的动物,注射部位应交替更换,以减少硬结的发生。

(6)两种以上药液同时注射时,要注意药物的配伍禁忌,必要时在不同部位注射。

(7)根据药液的量、黏稠度和刺激性的强弱,选择适当的注射器和针头。

(8)避免在瘢痕、硬结、发炎、皮肤病及有针眼的部位注射。淤血及血肿部位不宜进行注射。

(9)小动物臀部肌肉注射时,应注意注射角度和部位,避免刺伤神经和骨膜。

(10)小动物肌肉注射时,需要保定确实后进行,以免刺伤和反复注射,造成畜主不必要的误解等。

(三)静脉注射

静脉注射(intravenous injection,IV)又称血管内注射。静脉注射是将药液注入静脉内，治疗危重疾病的主要给药方法。大量的输液、输血，或用于以治疗为目的的急需速效的药物（如急救、强心等），或注射后有较强的刺激作用，又不能皮下、肌肉注射，只能通过静脉内才能发挥药效的药物。

1.部位

牛、马、羊、骆驼、鹿等均在颈静脉的上1/3与中1/3的交界处；猪在耳静脉或前腔静脉；犬、猫在前肢腕关节正前方偏内侧的前臂皮下静脉和后肢跖部背外侧的小隐静脉，也可在颈静脉；禽类在翼下静脉。特殊情况，牛也可在胸外静脉及母牛的乳房静脉。

2.方法

(1)牛的静脉注射。牛的颈静脉位于颈静脉沟内，皮肤较厚且敏感，一般应用突然刺针的方法。即助手用牛鼻钳或一手握角、一手握鼻中隔，或用保定栏将牛头部安全固定。而后术者左手中指及无名指压迫颈静脉的下方，或用一根细绳（或乳胶管）将颈部的中1/3下方缠紧，使静脉怒张，右手持针头对准注射部位并与皮肤垂直，用腕的弹拨力迅速刺入血管，见有回血后，将针头再沿血管向前推送，连接输液器或输液瓶（或盐水瓶）的乳胶管，药液即可徐徐注入血管中。

(2)马的静脉注射。马的颈静脉比较浅显，位于颈静脉沟内。首先确定颈静脉径路，然后术者用左手拇指横压注射部位稍下方（近心端）的颈静脉沟，使脉管充盈怒张。右手持针头，使针尖斜面向上，沿颈静脉径路在压迫点前上方约2 cm处，使针尖与皮肤成30°～45°角，准确迅速地刺入静脉内，感到空虚或听到清脆声，见有回血后，再沿脉管向前进针，松开左手，同时用拇指与食指固定针头的连接部，靠近皮肤，放低右手减少其间角度，此时即可推动针筒活塞，徐徐注入药液。

可按上述原则，采取分解动作的注射方法，即按上述操作要领，先将针头（或连接乳胶管的针头）刺入静脉内，见有回血时，再继续向前进针，松开左手，连接注射器或输液瓶的乳胶管，即可徐徐注入药液。如为输液瓶时，应先放低输液瓶，验证有回血后，再将输液瓶提至与动物头同高，并用夹子将乳胶管近端固定于颈部皮肤上，药物则徐徐地流入静脉内（图1-2）。

采用连接长乳胶管针头的一次注射法。先将连接长乳胶管的输液瓶或盐水瓶提高，流出药液，然后用右手将针头连接的乳胶管折叠捏紧，再按上述方法将针头刺入静脉内，输入药液。

注射完毕，左手持酒精棉棒或棉球压紧针孔，右手迅速拔出针头，而后涂5%碘酊消毒。

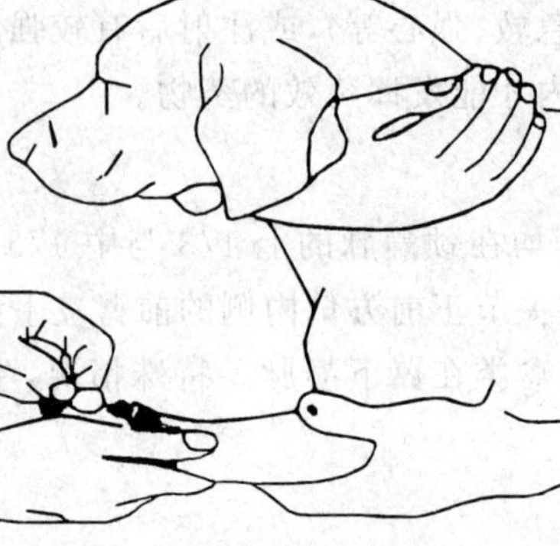

图 1-2 犬的前臂头静脉注射

(3)犬的静脉注射。

①前臂头静脉注射法。此静脉位于前肢腕关节正前方稍偏内侧。犬可侧卧、伏卧或站立保定,助手或犬主人从犬的后侧握住肘部,使皮肤向上牵拉和静脉怒张,也可用止血带(乳胶管)结扎使静脉怒张。术者位于犬的前面,注射针由近腕关节 1/3 处刺入静脉,针头连接管处见到回血时,确定针头在血管内后,再顺静脉管进针少许,以防犬骚动时针头滑出血管。松开止血带或乳胶管,即可注入药液,调整输液速度。静脉输液时,可用胶布缠绕固定针头。此部位为犬最常用、最方便的静脉注射部位(图 1-2)。在输液过程中,必要时试抽回血,以检查针头是否在血管内。注射完毕,以干棉签或棉球按压穿刺点,迅速拔出针头,局部按压或嘱畜主按压片刻,防止出血。

②后肢外侧小隐静脉注射法。此静脉位于后肢胫部下 1/3 的外侧浅表皮下,由前斜向后上方,易于滑动。注射时,使犬侧卧保定,局部剪毛消毒。用乳胶带绑在犬股部,或由助手用手紧握股部,使静脉怒张。术者位于犬的腹侧,左手从内侧握住下肢以固定静脉,右手持注射针由左手指端处刺入静脉。

③后肢内侧大隐静脉注射法。此静脉在后肢膝部内侧浅表的皮下。助手将犬背卧后固定,伸展后肢向外拉直,暴露腹股沟,在腹股沟三角区附近,先用左手中指、食指探摸股动脉跳动部位,在其下方剪毛消毒;然后右手持针头,由跳动的股动脉下方直接刺入大隐静脉管内。注射方法同前述的后肢小隐静脉注射法。

(4)猪的静脉注射。

①耳静脉注射法。将猪站立或侧卧保定,耳静脉局部剪毛、消毒。具体方法如下:助手用手压住猪耳背面耳根部的静脉管处,使静脉怒张,或用酒精棉反复涂擦,并用手指头弹叩,以使血管充盈。术者用左手把持耳尖,并将其托平;右手持连接

注射器的针头或头皮针，沿静脉管的径路刺入血管内，轻轻抽动针筒活塞，见有回血后，再沿血管向前进针。助手松开压迫静脉的手指，术者用左手拇指压住注射针头，连同注射器固定在猪耳上，另一只手徐徐推进针筒活塞或高举输液瓶即可注入药液(图 1-3)。注射完毕，左手拿灭菌棉球紧压针孔处，右手迅速拔针。为了防止血肿或针孔出血，应按压片刻，最后涂擦碘酊。

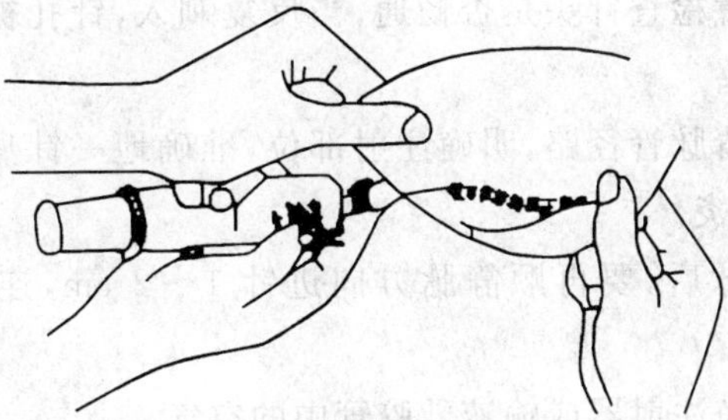

图 1-3　猪的耳静脉注射

②前腔静脉注射法。用于大量输液或采血。前腔静脉是由左右两侧的颈静脉与腋静脉至第一对肋骨间的胸腔入口处时于气管腹侧面汇合而成。

注射部位在第 1 肋骨与胸骨柄结合处的前方。由于左侧靠近膈神经，而易损伤，故多于右侧进行注射。针头刺入方向，呈近似垂直并稍向中央及胸腔，方向、刺入深度依猪体大小而定，一般 2～6 cm。为此，要选用适宜的 7～9 号针头。

取站立或仰卧保定。其方法是：站立保定后，于右侧耳根至胸骨柄的连线上，距胸骨端 1～3 cm 处，术者拿连接针头的注射器，稍斜向中央并刺向第 1 肋骨间胸腔入口处，边刺入边抽动注射器活塞(或内管)，见有回血时，即标志已刺入前腔静脉内，可徐徐注入药液。取仰卧保定时，胸骨柄可向前突出，并于两侧第 1 肋骨结合处的直前侧方呈 2 个明显的凹陷窝，用手指沿胸骨柄两侧触诊时更感明显，多在右侧凹陷窝处进行注射。先固定好猪两前肢及头部，消毒后，术者持连接针头的注射器，由右侧沿第 1 肋骨与胸骨结合部前方的凹陷窝处刺入，并稍偏斜刺向中央及胸腔方向，边刺边回血，见回血后，即可注入药液，注完后左手持酒精棉球紧压针孔，右手拔出针头，涂碘酊消毒。

3. 特点

(1)药液直接注入脉管内，随血液分布全身，药效快，作用强，注射部位疼痛反应较轻。但药物代谢较快，作用时间较短。

(2)药物直接进入血液，不会受到消化道及其他脏器的影响而发生变化或失去作用。

(3)病畜能耐受刺激性较强的药液(如钙制剂、水合氯醛、10%氯化钠、九一四等)和容纳大量的输液和输血。

4.注意事项

(1)严格遵守无菌操作常规,对所有注射用具及注射局部,均应进行严格消毒。

(2)注射时要注意检查针头是否畅通,当反复刺入,针孔被组织块或血凝块堵塞时,应及时更换针头。

(3)注射时要看清脉管径路,明确注射部位,准确地一针见血,防止乱刺,以免引起局部血肿或静脉炎。

(4)针头刺入静脉后,要再顺静脉方向进针 1～2 cm,连接输液管后并使之固定。

(5)刺针前应排净注射器或输液乳胶管中的空气。

(6)要注意检查药品的质量,防止杂质、沉淀,混合注入多种药液时,应注意配伍禁忌,油类制剂不能作静脉注射。

(7)注射对组织有强烈刺激的药物,应先注射少量的生理盐水,证实针头确在血管内,再调换应注射的药液,以防止药液外溢导致组织坏死。

(8)输液过程中,要经常注意观察动物的表现,如有骚动、出汗、气喘、肌肉震颤、犬发生皮肤丘疹、眼睑和唇部水肿等征象时,应及时停止注射。当发现输入液体突然过慢或停止以及注射局部明显肿胀时,应检查回血,放低输液瓶,或一只手捏紧乳胶管上部,使药液停止下流,再用另一只手在乳胶管下部突然加压或拉长,并随即放开,利用产生的一时性负压,看其是否回血。另外,也可用右手小指与手掌捏紧乳胶管,同时以拇指与食指捏紧远心端前段乳胶管拉长,造成负压,随即放开,看其是否回血。如针头已滑出血管外,则应重新刺入。

(9)如需要长期注射时,应由远心端向近心端进行,或直接安装含肝素的静脉留针,可每天注射,避免再次注射时发生困难。

(10)如注射速度过快,药液温度过低,可能引起副作用,同时有些药物可能发生过敏现象。

(11)对极其衰弱或心机能障碍的患畜静脉注射时,尤其应注意输液反应,对心肺机能不全者,应防止肺水肿的发生。

5.静脉注射时药液外漏的处理

静脉注射时,常由于针头未刺入血管或刺入后因病畜骚动而使针头移位、脱出

血管外,致使药液漏于皮下。当发现药液外漏时,应立即停止注射,根据不同的药液采取下列处理措施:

(1)立即用注射器抽出外漏的药液。

(2)如系等渗溶液(如生理盐水或等渗葡萄糖),一般很快自然吸收。

(3)如系高渗盐溶液,则应向肿胀局部及其周围注入适量的灭菌注射用水,以稀释之。

(4)如系刺激性强或有腐蚀性的药液,则应向其周围组织内,注入生理盐水;如系氯化钙液,可注入10%硫酸钠或10%硫代硫酸钠10～20 mL,使氯化钙变为无刺激性的硫酸钙和氯化钠。

(5)局部可用5%～10%硫酸镁进行温敷,以缓解疼痛。

(6)如系大量药液外漏,应作早期切开,并用高渗硫酸镁溶液引流。

实验二　特殊治疗技术训练——瘤胃穿刺、瓣胃穿刺、腹腔穿刺

一、实验目的与要求

(1)通过实验，掌握瘤胃穿刺、瓣胃穿刺和腹腔穿刺的基本方法。

(2)通过实验，掌握各种穿刺方法的临床应用范围。

实验学时：3 学时。

二、实验仪器和材料

大套管针或盐水针头，羊一般可用较长的肌肉注射针头，手术刀与缝合器材等，15 cm 长的针头，注射器，注射用药品：液状石蜡、25%硫酸镁溶液、生理盐水、植物油或其他药品等。

三、实验方法

(一)瘤胃穿刺

瘤胃穿刺(rumen puncture)是指用穿刺针(套管针)穿透瘤胃壁到达瘤胃腔的方法。用于牛、羊瘤胃急性鼓气时的急救排气和向瘤胃内注入药液。

1. 部位

左侧肷窝部，由髋结节向最后肋骨所引水平线的中点，牛在距腰椎横突 10～12 cm 处，羊 3～5 cm 处。也可选在瘤胃隆起最高点穿刺。

2. 方法

先在穿刺点用 2.5%～5%碘酊皮肤消毒，70%酒精脱碘后，在穿刺点旁 1 cm 作一小的皮肤切口(有时也可不切口，羊一般不切)，术者再以左手将皮肤切口移向穿刺点，右手持套管针将针尖置于皮肤切口内，向对侧肘头方向迅速刺入 10～12 cm，左手固定套管，右手拔出内针，用手指堵住管口，间歇放气，使瘤胃内的气体间断排出。若套管堵塞，可插入内针疏通。气体排出后，为防止复发，可经套管向瘤胃内注入制酵剂。穿刺完毕，用力压住皮肤切口，拔出套管针，消毒创口，对皮

肤切口行一针结节缝合,涂碘酊,或以碘仿火棉胶封闭穿刺孔。

在紧急情况下,无套管针或盐水针头时,可就地取材,如用竹管、鹅翎或静脉注射针头等进行穿刺,以挽救病畜生命,然后再采取抗感染措施。

3. 注意事项

(1)放气速度不宜过快,防止发生急性脑缺血,造成虚脱,同时注意观察病畜的临床表现。

(2)根据病情,为了防止鼓气继续发展,避免重复穿刺,可将套管针固定,留置一定时间后再拔出。

(3)穿刺和放气时,应注意防止针孔局部感染。因放气后期往往伴有泡沫样内容物流出,污染套管口周围并易流进腹腔而继发腹膜炎。

(4)经套管注入药液时,注药前一定要确切判定套管仍在瘤胃内后,方可注入。

(二)腹腔穿刺

腹腔穿刺(abdominocentesis)是指用穿刺针经腹壁穿刺于腹膜腔的方法。用于原因不明的腹水、实验穿刺抽液检查积液的性质以协助明确病因;排出腹腔的积液进行治疗;或采集腹腔积液,以助于胃肠破裂、肠变位、内脏出血、腹膜炎等疾病的鉴别诊断;腹腔内给药,以达到治疗的目的或洗涤腹腔。

1. 部位

牛、羊在脐与膝关节连线的中点,马在剑状软骨突起后 10～15 cm,白线两侧 2～3 cm 处,犬和猫在脐至耻骨前缘的连线中央,白线两侧。

2. 方法

大动物采取站立保定,小动物采取平卧位或侧卧位,术部剪毛、消毒。术者左手固定穿刺部位的皮肤并稍向一侧移动皮肤,右手控制套管针(或针头)的深度,由下向上垂直刺入腹壁 3～4 cm,待感到针头抵抗感消失时,表示腹壁层已穿过,即可回抽注射器,抽出腹水放入备好的试管中送检,如需要大量放液,可在针座接一橡皮管,将腹水引入容器,以备定量和检查。橡皮管可夹一输液夹以调整放液速度。小动物可应用注射器抽出。放液后拔出穿刺针,无菌棉球按压片刻,覆盖无菌纱布,用胶布固定。

当洗涤腹腔时,马属动物在左侧肷窝中央;牛、鹿在右侧肷窝中央;小动物在肷窝或两侧后腹部。右手持针头垂直刺入腹腔,连接输液瓶胶管或注射器,注入药液,再由穿刺部排出,如此反复冲洗 2～3 次。

3. 注意事项

(1)刺入深度不宜过深,以防刺伤肠管。穿刺位置应准确,保定要安全。

(2)放或抽腹水时引流不畅,可将穿刺针稍做移动或稍变动体位,放或抽液不可过快、过多。

穿刺过程中注意动物的反应,观察呼吸、脉搏和黏膜颜色的变化,有特殊变化者,停止后再进行适当处理。

(三)瓣胃穿刺

瓣胃穿刺(omasum puncture)是将药液注射入牛、羊等反刍动物瓣胃内的方法。将药液直接注入瓣胃中,主要用于治疗瓣胃阻塞和某些特殊药品给药,如治疗血吸虫的吡喹酮等。

1. 部位

瓣胃位于右侧第 7～10 肋间,其注射部位在右侧第 9 肋间与肩关节水平线相交点的下方 2 cm 处。

2. 方法

局部消毒后,术者左手稍移动皮肤,右手持针头垂直刺入皮肤后,使针头朝向左侧肘头左前下方,刺入深度 8～10 cm(羊稍浅),先有阻力感,当刺入瓣胃内后则阻力减小,并有沙沙感。此时注入 20～50 mL 生理盐水,再回抽,如回抽液中混有食糜或胃内容物时,即为正确。可开始注入所需药物,如 25%～30%硫酸镁、生理盐水、液状石蜡或其他药品,注射完毕,迅速拔出针头,术部涂碘酊,也可以碘仿火棉胶封闭针孔。

3. 注意事项

(1)操作过程中宜将病畜确实保定,注意安全,以防意外。

(2)注射过程中病畜骚动时,要确实判定针头是否在瓣胃内,而后再行注入药物。

(3)在针头刺入瓣胃后,回抽注射器,如回抽液中有血液或胆汁,表明是误刺入肝脏或胆囊位置。

(4)瓣胃内注射,可每日注射 1 次,最多连续注射 2～3 次。

实验三　动物导尿术

一、实验目的与要求

(1)了解导尿术的作用。

(2)学习并掌握导尿术的操作方法及适应证。

(3)了解各种导尿管。

(4)收集尿液,用于分析或细菌培养。

(5)提供封闭式的连续尿液引流。

(6)排除尿道阻塞。

实验学时:2 学时。

二、实验的基本原理

动物导尿术就是将导尿管从尿道口插入、通过尿道进入到膀胱的方法。导尿术是临床上常用的基本操作。插入导尿管不但可进行尿道探诊、排除积尿和洗涤膀胱,而且还是采取尿液的一种方法。

三、实验器材

1. 各种型号的导尿管

临床上使用的导尿管型号很多,根据动物种类和个体大小可以选择不同型号的导尿管。马、牛等大动物备有专用导尿管,公畜为橡胶管,母畜为金属管。犬、猫等小动物使用专用导尿管,可依据个体选用不同型号的导尿管。

2. 液体石蜡油

3. 消毒液

可配制选用0.1%高锰酸钾液、2%硼酸水、0.02%呋喃西林液或0.1%新洁尔灭液作为导尿管和局部皮肤黏膜消毒液。

四、实验方法、步骤和操作要领

1. 雄性大动物导尿术

马、牛等大、中动物一般采用站立保定，并固定右后肢，术者蹲在马的右侧，右手伸入包皮内，抓住龟头或用食指抠住龟头窝，把阴茎拉出至一定长度，用温水洗去污垢后，交由助手握住阴茎，术者将手洗干净，再用左手接过阴茎，以无刺激性的消毒液（2%硼酸水、0.02%呋喃西林液、0.1%新洁尔灭液）擦洗尿道外口后，右手接过已消毒并涂润滑油的公马橡胶导尿管，缓慢地插入尿道内。当导尿管插至坐骨切迹处，即见马尾轻轻上举，此时如导尿管不能顺利插入，可由助手在坐骨切迹处加以压迫，使导尿管转向骨盆腔，再向前推进约 10 cm，便可进入膀胱，若膀胱内有尿，即见尿液流出。

公牛和公猪的尿道因有“S”状弯曲，一般不能用导尿管进行探诊和采尿。必要时可用 3%普鲁卡因溶液行脊髓硬膜外麻醉后，方可将有一定硬度的细导尿管插入。也可用 1%～3%普鲁卡因溶液 15～20 mL 于“S”状弯曲部行阴茎背神经封闭，使“S”状弯曲弛缓，再用细导尿管插入尿道，进行探诊和采尿。

2. 雌性大动物导尿术

先将母马在柱栏内保定好，用消毒液（0.1%高锰酸钾液、0.02%呋喃西林液）洗净外阴部，术者消毒手臂后，以左（右）手伸入阴道内摸到尿道外口，用右（左）手持母马金属导尿管（也可用公马导尿管代替），沿尿道外口插入膀胱内。必要时可使用阴道扩张器，打开阴道，便于找到阴道外口。

母牛尿道开口于阴门下联合前方 10～12 cm 处的阴道底壁，紧接尿道外口之后方为盲囊，亦称下尿道窝，盲囊深 2.5 cm 左右。导尿管如误插入盲囊时，即感到阻力而不能前进，此时可将导尿管微向后退，再将导尿管稍抬起，紧贴尿道口上壁插入。亦可在误入盲囊后，将导尿管稍向后退，并将导尿管前端的弯曲转成向上的位置，再向前插。一般不熟练的导尿者，可用开膣器打开阴道，找到尿道外口，即可顺利将导尿管插入膀胱内。

3. 公犬导尿法

(1)对公犬采取侧卧体位，剃去包皮周围区域长毛，彻底清洁其包皮周围。

(2)助手将公犬侧卧保定，将犬后腿上部外展。

(3)在包皮与腹部交界处用拇指施压，环握阴茎使公犬包皮回缩暴露远端龟头 2.5～5 cm。环握时应注意力度，以免压迫尿道。

(4)用中性肥皂或0.1%新洁尔灭液清洗远端龟头两次。

(5)铺孔巾,形成无菌区域。

(6)兽医师选择大小和型号合适的导尿管,预估导尿管插入公犬膀胱所需的长度。

(7)用液状石蜡棉球反复充分润滑导尿管末端,减少插管过程中对公犬尿道黏膜损伤,并由尿道外口(龟头远端)缓缓插入导尿管。

(8)导尿管向前进入膀胱,剩余部分仍留在无菌包装中,操作过程中应严格保持无菌。

(9)收集尿液标本。

(10)尿液收集完毕后,轻轻拉出导尿管,清洗公犬远端龟头及其周围区域。

注意事项:

(1)导尿管途经坐骨弓时可能会有阻力,此时切忌蛮插,可稍稍后退,更换方向再缓缓前进。

(2)确定导尿管进入膀胱但无尿液出现时可用注射器从导管中抽取尿液。

(3)插管时不可压迫膀胱让尿液流出,否则会增加病原性感染的可能。

(4)切忌反复抽动导尿管。

(5)疑似有尿道狭窄的患畜,应选择细的导尿管。

(6)留置导尿时,应密切注意导尿管的固定情况,防止脱出。定期冲洗膀胱,防止感染。

(7)对膀胱过度充盈的患畜,导尿速度不宜过快,应缓慢分次放出尿液。否则会导致患畜腹腔内压骤然降低,大量血液滞留在腹腔血管内,造成血压下降、休克或骤然减压造成的膀胱黏膜急剧充血而引起尿血。

(8)操作过程中严格保持无菌。

4.母犬导尿法

(1)母犬导尿时最理想的体位应是站立姿势。助手保定好母犬,将其尾巴拉向一侧,用0.1%新洁尔灭液清洁患畜外阴及其周围区域两次。

(2)向阴道内注入麻醉剂,降低在操作过程中患畜的不适。

(3)充分润滑阴道扩张器以及导尿管头端。

(4)导尿管由阴道扩张器进入尿道并插入膀胱,也可用食指触及尿道乳头状突起,指引导尿管进入尿道。

(5)导尿管缓缓向前插入膀胱。

(6)收集尿液标本。

(7)尿液收集完毕后,轻轻拉出导尿管,清洗母犬外阴部位及其周围区域。

注意事项:

(1)如犬尾巴竖直,会造成其在操作过程中精神紧张或者排便。

(2)先朝向患畜背侧插入阴道扩张器,再将其朝向颅侧,避开阴蒂窝。阴蒂窝是一个盲囊,位于外阴腹侧开口内。而尿道口位于阴道腹侧,在外阴开口颅侧4～5 cm处。

(3)母犬有尿道乳头状突起,是一种环绕尿道口的组织,为0.6～1.3 cm大小的圆形团块,位于外阴开口处4～5 cm处的阴道腹中线内。当食指第二指节插入阴道后,食指指尖可触摸到尿道乳头状突起。由食指腹侧插入导尿管,指引导尿管进入尿道口。如感觉导尿管末端越过食指指尖,可将导尿管轻轻回抽,并再次缓缓向患畜腹侧方向插入导尿口。母犬对此方法的耐受程度比对阴道扩张器的耐受程度要大。

(4)其他注意事项参照公犬导尿术。

5. 公猫导尿法

(1)公猫侧卧或仰卧保定。必要时进行镇静。

(2)将阴茎向后推,同时握住包皮向头侧推,使阴茎突出。

(3)一旦阴茎突出,保持突出状态,在阴茎基部紧捏住包皮,控制住阴茎。

(4)用抗菌液轻轻冲洗阴茎头,然后用生理盐水冲洗阴茎头。

(5)将阴茎向后拉直,使阴茎部尿道长轴与脊柱平行,以减少尿道的自然弯曲,有利于尿管的插入。

(6)用灭菌水溶性润滑剂润滑导管头。

(7)轻柔地将导管的头部插入尿道口,然后继续前进插入膀胱内。

(8)如果遇到阻力,可以用灭菌生理盐水冲洗导尿管。

五、实验注意事项

(1)导尿前要了解动物尿道的生理结构,以便实施正确的导尿方法。

(2)注意无菌操作。导尿前要对导尿管严格消毒,可采用0.1%高锰酸钾液或0.02%呋喃西林液浸泡消毒。

(3)插入导尿管时,动作要缓慢,不要粗暴,以免损伤尿道黏膜。

(4)膀胱洗涤液的温度应与体温接近。

(5)犬、猫导尿时,必须适当保定,以免造成人和动物的损伤。

六、结果分析

(1)导尿过程中,导尿管已进入膀胱,但不见尿液排出,这可能是动物在导尿前刚排过尿;亦可能是导尿管前端未浸入尿液中,这时可前后轻轻推拉导尿管,使其与尿液接触。亦可通过导尿管注入一定量的空气,以刺激膀胱收缩,促使尿液流出。

(2)在插导尿管的过程中,也可能遇到膀胱括约肌痉挛,导尿管不能插入膀胱,此时可行直肠内按摩,或用温水灌肠,或应用解痉药,如水合氯醛等,以解除膀胱括约肌痉挛。

(3)出现尿结石或其他物质堵塞尿道时则导尿管插入受阻。此时可通过导尿管注入一定量的液状石蜡和1%～3%普鲁卡因溶液,以润滑和松弛尿道,使结石或其他堵塞物得以冲出,从而疏通尿道。

实验四　犬、猫气管冲洗液检查

一、实验目的与要求

(1)了解气管冲洗技术在呼吸系统疾病诊疗中的作用。

(2)学习并掌握气管冲洗的操作方法及适应证。

(3)了解大小犬冲洗技术的差异。

(4)收集冲洗液,用于细胞学分析和细菌培养技术。

(5)了解利用气管内窥镜提供肺泡灌洗技术的应用特点。

二、实验的基本原理

动物气管冲洗技术主要用于犬、猫等小动物。当诊疗过程中出现反复咳嗽,治疗效果不确实的情况下,采用该方法直接获取气管冲洗液进行细胞学分析和微生物学实验,如细胞学显示各种细胞类型以及细菌、真菌、寄生虫等感染,提供更换药物的依据。

三、实验器材

(1)各种型号的尿管:临床上使用的聚乙烯管芯针导管,长度不同的导管。

(2)3～5 个各含生理盐水的 10 mL 注射器或 3～5 个各含生理盐水 20 mL 的注射器。

(3)1 mL 利多卡因注射液(2%利多卡因和 8.4%碳酸氢钠以 9∶1 混合),5 mL 注射器,25G 针头。

(4)抗生素软膏,如红霉素软膏。

(5)绷带材料,灭菌手套。

四、实验方法、步骤和操作要领

1. 小型犬经气管冲洗

(1)犬仰卧保定于诊疗台上,鼻子朝向天花板,助手抓住固定前肢。为了避免犬对操作人员的伤害,可以给犬带笼式嘴套,这样在操作过程中动物可以用嘴呼吸。

(2)通过触诊确定环甲韧带。

(3)对环甲韧带的皮肤进行外科准备,进行剃毛消毒。插导管时要戴灭菌手套。

(4)要在插入处的局部皮下注射 0.25～0.5 mL 利多卡因,重新清洗局部消毒。

(5)准备所用的导管,将针头与塑料套分离,然后再套上,保证导管能穿过针头,然后将其撤回针头内,确保导管可以使用。

(6)一只手控制喉部,为了恰当地控制喉部,操作人员应抓住食指和拇指之间气道周长至少 180°的范围,固定喉部和气管,以防针刺入该部位两边移动。

(7)确认环状软骨,然后使韧带上的皮肤绷紧,另一只手将针置于中线的环甲韧带水平处,导管针斜面朝向腹侧,紧贴于环状软骨之上的凹陷处穿过皮肤。

(8)向内用力刺穿气管韧带,保持针头与气管腔垂直,当针头进入气管腔时产生"噗"的感觉。

(9)进入管腔后,再将针头向内插入一小段距离,直到针尖大概位于气管管腔的中心。

(10)使针头向下 45° 倾斜,轻轻插入管腔。手控制针头,使针头抵着动物的颈部,使手、针头和颈部不能随意移动,保证喉部或气管不被撕裂。

(11)将导管穿过针头向下插入气管,直到气管分叉处。导管头位于分叉处可以收集到最好的样本。注意导管插入时可能引起咳嗽。如果导管插入不顺利,可能碰到了气管的后壁或侧壁,重新评估和调整针头的位置,使针头位于气管腔的中央。多数时候需要将犬的鼻子抬高,颈部尽量伸展,使针头和导管能尽量朝向气管的下方。

(12)将导管的接口推入针头接口,移走塑料套。一旦导管进入理想的深度,就将针头撤出气管和皮肤,保留导管。

(13)将针头保护器接在导管上,以避免锋利的针头刺破导管,小心不要将导管夹在保护器内。然后从导管内移走金属芯。

(14)接上含 6 mL 生理盐水的 10 mL 注射器,注入 2～5 mL 生理盐水,然后反复抽吸,回收气道冲洗液,最好的抽吸时机是动物咳嗽的时候,总共回收 1.5～3.0 mL 混浊的液体就是最好样本了。

(15)如果回收不到任何液体,使用第 2 个含 6 mL 生理盐水注射器再次注入,注入后应马上用力抽吸。如果仍然回收不到任何液体,可使动物俯卧,鼻子、头和颈部保持较自然的姿势,用第 3 个注射器再次冲洗。

(16)一旦回收到液体,拔出整个导管。提交样本进行直接或浓缩样本的细胞学评估和微生物培养。

(17)围绕穿刺部位的颈部进行轻轻包扎,压迫组织,并减少空气从气管泄漏到皮下组织。将抗生素软膏涂在皮肤进针处。盖上海绵,然后轻轻包扎。包扎时一定要仔细,避免影响静脉回流或通气。应保证有两个手指能轻松伸入绷带下方。1～2 h后去掉绷带。

(18)使动物在笼子里安静地休息,并监护呼吸 1～2 h,期间保留绷带。这些措施把形成皮下气肿或纵隔气胸的概率降到最低。

2. 大型犬经气管冲洗

(1)犬仰卧保定于诊疗台或地面,颈部朝背侧伸展,鼻子朝向天花板。

(2)助手抓住动物的前肢,使其不影响操作。

(3)通过触诊确定环甲韧带。

(4)对环甲韧带处剃毛消毒准备,使用灭菌手套。

(5)用 0.25～0.5 mL 利多卡因局部皮下注射,重新清洗局部消毒。

(6)准备所用的导管,将针头与塑料套分离,然后再套上,保证导管能穿过针头,然后将其撤回针头内,保证导管易于通过导管针。

(7)估计需要进入导管的长导管长度,使导管头位于气管分叉处(心脏基部上方)。

(8)助手拿着长导管,保持管头无菌。

(9)将针头重新插入短导管内。

(10)用手固定喉部和气管,防止针刺入该部位向两边移动。

(11)保持针头完全插入短导管内,触摸到环状软骨,使针头位于中线的环甲韧带水平处,紧贴于环状软骨之上的凹陷处。

(12)向内用力刺穿气管,保持针头垂直于气管,当针头进入气管腔时会有"噗"的感觉。

(13)当针头进入管腔后,再将针头向内插入一段距离,直到针尖大概位于管腔的中央。

(14)使针头向下 45° 倾斜,轻轻插入管腔。

(15)把套在针头上的短管尽量朝气管内推,然后拔掉针头。

(16)捏住长的聚乙烯管的进管头处,然后将长导管穿过短导管插入气管内。将长管头插入到近气管分叉处,大约在第四肋间收集最好的样本。如果导管不易插入,要重新评估短导管管头的位置,调整动物的体位和短导管的角度,使导管不要抵到气管壁上。导管插入时可引起犬的咳嗽。

(17)一旦导管插入期望的深度,连接含 10 mL 生理盐水的 20 mL 注射器,然后反复抽吸,回收气道内的冲洗液,最好的回收时机是在动物咳嗽的时候。

(18)如果回收不到任何液体,使用第 2 个含 10 mL 生理盐水注射器再次注入,注入后应马上用力抽吸。如果仍然回收不到任何液体,可使动物俯卧,鼻子和头保持正常的姿势,这样注入的液体可以聚集在隆突处,而不是流入肺后叶,用第 3 个注射器反复冲洗。有时在抽吸过程中需要将导管轻轻地来回移动,以保证导管头处于气管分叉处。注入的液体会被迅速吸收进入体循环,因此不必担心反复冲洗产生影响。

(19)一旦回收到液体,先拔掉长导管,然后移走短导管。

(20)提交样本进行直接或浓缩样本的细胞学评估和微生物培养。

(21)围绕穿刺部位的颈部轻轻包扎,压迫组织,并减少空气从气管泄漏到皮下组织。将抗生素软膏涂在皮肤进针处。盖上海绵,然后轻轻包扎。一定要仔细,避免影响静脉回流或通气。应保证有两个手指能轻松伸入绷带下方。1～2 h 后去掉绷带。

(22)进行该操作后要保持动物安静,并监护呼吸 1～2 h。

3. 气管内冲洗

气管内冲洗技术是指将一根公犬导尿管通过口腔从气管内插入。

(1)俯卧保定。通过面罩先吸氧,然后对犬或猫进行轻度全身麻醉(推荐使用丙泊酚)。也可使用静脉注射药物如短效巴比妥将动物麻醉到能插管的深度。在猫可合并使用氯胺酮和乙酰丙嗪或地西泮,气管内插管的管头不要接触口腔。

(2)测量到达气管分叉处所需导管长度。

(3)将动物的口腔打开,舌头拉出来,使用喉镜。在猫要把无菌的利多卡因喷在猫喉软骨上,使插管易插入,将污染降至最低。将灭菌气管内插管或脊髓穿刺针的灭菌保护套插入声门开口,作为长导管的保护套。

(4)把聚乙烯导管通过气管内插管插入隆突处(大概第 4 肋间),到达气管分叉处。

(5)等待犬或猫咳嗽,动物咳嗽时可获得最佳样本。

(6)连接含有 6 mL 生理盐水的 10 mL 注射器,注入 2～3 mL 生理盐水,然后反复抽吸,回收气道冲洗液,如回收不到,则反复操作,直到获得样本。

(7)一旦回收到样本,给动物吸氧,直到其完全苏醒。

4. 支气管镜下气管肺泡灌洗

犬和猫患终末气道、肺泡或肺间质疾病,为了采集肺泡和间质分泌物进行细胞学和微生物学分析，采用支气管镜下气管肺泡灌洗技术。首先借助 X 线检查来选择发病的肺叶，再对目标病变区域的肺泡进行灌洗，使支气管肺泡灌洗检查更具有诊断意义。

材料准备：一个小直径的软式内镜。在多数犬、猫，儿科支气管镜(外径 4.8 mm，活组织检查道 2 mm)都能通过。已经加热到体温的等份 0.9%灭菌生理盐水，抽吸到注射器内。

(1)预先通过面罩给动物吸氧数分钟，然后对动物进行轻度全身麻醉(推荐使用丙泊酚)。

(2)进行常规诊断性支气管镜检查，评估气管和内镜可通过的能进入每个肺叶主支气管的长度。

(3)将支气管镜伸入肺叶，直到管头被紧紧卡在一个气道内，然后进行灌洗。如果卡得不合适，样本将是来自气道，而不是深部肺叶，并且回收液也会比较少。

(4)确保支气管镜的吸取通路打开。

(5)在中型和大型犬，通过内镜的活组织检查通路，将已预热到体温的 25 mL 灭菌生理盐水注入肺部。在体型很小的犬和猫，每份可用的生理盐水为 10 mL。

(6)注入生理盐水后，立即用注射器抽吸，回收液体。当注射器内充满空气时，将空气排出，并再次抽吸，直到无法再抽出液体。

(7)将第二份预热的 25 mL (或 10 mL)生理盐水注入肺脏，并以同样的方式回收，内镜仍然处于同一位置。如果需要，也可注入第 3 份液体。

(8)如果需要，更换内镜的位置，以同样的方式进行其他肺叶的支气管肺泡灌洗。

(9)样本的处理，支气管肺泡灌洗液混有多量的泡沫，这是肺泡表面活性剂的作用。采集后应该将支气管肺泡灌洗液放在冰块中，并尽快进行细胞学检查和微生物学分析。

5. 样本处理

(1)为了进行充分的检查，一般需要对沉渣或细胞进行离心。如果不能马上进行细胞学检查，滴入数滴 10%福尔马林液，并在检查前离心。

(2)将部分样本放入不同类型培养基进行微生物学检验，检查内容包括细菌分离培养和药敏试验，真菌和支原体鉴定等。

(3)余下样本离心并对其成分进行常规细胞学染色显微镜检查，确定细胞类型，对细胞进行定性分析并对感染因素进行检查。定性评估巨噬细胞活性、中性粒细胞变性、淋巴细胞反应以及恶性肿瘤的特征。可能出现的感染因素包括细菌、原虫(弓形虫)、真菌(组织胞浆菌、芽生菌和隐球菌)以及寄生虫的幼虫或虫卵。由于整个玻片上可能只有1～2个有机体，需要进行彻底的检查。

(4)细菌感染时，常见嗜中性粒细胞的炎症反应。

(5)嗜酸性炎症表明有过敏反应，引起嗜酸性炎症的常见疾病包括过敏性支气管炎、寄生虫疾病和嗜酸性肺病。影响肺的寄生虫有原发性肺蠕虫或吸虫、移行的肠道寄生虫和心丝虫。

(6)细胞学检查通过瑞氏染色观察细胞类型，单独发生的淋巴细胞性炎症不常见，若发生，要考虑病毒或立克次氏体感染、非感染性炎性疾病和淋巴瘤。

(7)巨噬细胞性(肉芽肿性)炎症的特征为有活性的巨噬细胞数目增多，一般作为有其他炎性细胞增多的混合型炎症的一部分。通过出现吞噬细胞作用和充满含铁血黄素的巨噬细胞，可将出血与采样引起的创伤区分开。出血通常也会出现炎症反应。出血的原因有肿瘤、真菌感染、心丝虫病、血栓栓塞、异物或凝血疾病。诊断为恶性肿瘤时一定要非常谨慎。

五、实验注意事项

(1)了解动物气管的生理结构，确定环状软骨和甲状软骨以及环甲韧带的位置，以便实施正确的操作方法。

(2)天气寒冷时，注射前宜将药液加温至与畜体同温，以减轻刺激。

(3)注意无菌操作。所用设备要严格消毒，皮肤局部剃毛后要进行消毒处理。

(4)如病畜咳嗽剧烈，或为了防止注射诱发咳嗽，可先注射2%盐酸普鲁卡因溶液1～2 mL后，降低气管的敏感反应，再注入药液。注射过程如遇动物咳嗽时，则应暂停，待动物安静后再注入。

(5)对已经确定因心脏增大或心脏衰竭(肺水肿)引起咳嗽的犬，不需要进行气管冲洗。

(6)在应激和呼吸困难的体型非常小的犬，以及猫无法忍受经气管冲洗时进行的保定，气管内冲洗是获得样本的最好办法。

(7)如动物无法耐受全身麻醉，则不能进行气管内冲洗。

实验五 犬、猫心肺复苏技术

一、实验目的与要求

(1)了解兽医临床重症监护治疗病房(ICU)的基本技术。

(2)学习并掌握心肺复苏的基本适应证。

(3)掌握心肺复苏临床操作基本步骤。

(4)掌握心肺复苏常用的器械设备使用技术。

(5)了解心肺复苏基础生命支持和高级生命支持技术。

实验学时:3 学时。

二、实验的基本原理

心肺复苏(cardiopulmonary resuscitation,CPR)指由于外伤、疾病、中毒、意外低温、淹溺和电击等各种原因,导致心跳、呼吸骤停及意识丧失,迅速而有效的人工呼吸与心脏按压可使呼吸循环重建,维持肺换气和向组织运血供氧,同时积极保护大脑功能能够促进脑功能的恢复,这系列的抢救措施和过程称为心肺复苏。

心脏骤停是指心脏机械活动突然停止,心脏有效收缩和泵血功能突然停止,导致循环中断,引起全身严重缺血缺氧。心脏骤停表现对刺激无反应、无脉搏、无自主呼吸或濒死叹息样呼吸。面对这样的患病动物,有效的心肺复苏极为重要。如果没有及时给予心肺复苏,就会导致迅速死亡。

三、实验器材

(1)气管插管。

(2)吸痰器。

(3)气管造口手术包(准备气管切卡插管)。

(4)氧气袋或氧气瓶吸氧装置。

(5)静脉针输液装置。

(6)ECG 装置及附件。

(7)自动体外除颤器及导电糊、除颤电极片。

(8)2%利多卡因在一个雾化器或注射器内。

(9)针头、注射器。

(10)药物:阿托品、肾上腺素、碳酸氢钠、纳洛酮、阿替美唑、氟马西林、利多卡因。

四、实验方法、步骤和操作要领

明确诊断和应急预案是心肺复苏的保证,熟悉实施步骤的设备和药物,充分发挥团队的作用。CPR 的直接目标是恢复通气和有效的心脑循环,之后进一步恢复正常的心律和心排血量,并纠正组织缺氧和酸中毒。

CPR 的六要素是 A(气道,airway)、B(呼吸,breathing)、C(循环,circulation)、D(药物,drug)、E(心电图,ECG)、F(跟踪观察,follow up)。

1. 评估适应证

(1)出现临床症状,如果摸不到脉搏而且动物已停止呼吸,即可诊断为心肺骤停(CPA),此时不需其他任何症状来佐证。

(2)在出现呼吸暂停,伴有或不伴有心脏停搏,出现濒死期喘息或呼吸动作消失,随即发生意识丧失,黏膜灰白或发绀、瞳孔散大和肌紧张消失,收缩压低于 60 mmHg 时,立即实施心肺复苏(图 5-1)。如果在此时继续努力搜寻其他佐证可能会造成不必要的延误时间而错失抢救良机。

(3)对于处于不治之症(肝、肾、心力衰竭等)晚期的动物,或那些遭受严重脑损伤的动物,不建议使用 CPR,因为这些动物没有恢复正常的机会。在出现这种情况时,应征求犬主人不复苏的许可,并让整个兽医团队意识到他们的意愿。

2. 呼救并记录时间

临床值班一人时,以抢救为主,启动急救绿色通道,或大声呼叫他人协助,通知值班医生、麻醉科医生和相关科室人员。告知宠物主人准备实施心肺复苏,征求宠物主人意见后实施,并开始记录抢救过程。

3. 打开气道

打开呼吸通道是保障通气、成功复苏的关键,保证正确地放置并固定带气囊的气管插管,及时抽吸清除喉部和气管内黏液、液体、呕吐物,必要时可以进行气管切开术。

(1)保持呼吸道畅通,检查气道是否有异物堵塞。将动物颈部伸长,拉出舌头,清理口腔内分泌物和呕吐物,然后进行气管插管。确保呼吸通道畅通。观察胸壁起伏,如果此时动物呼吸极为困难,说明有气道阻塞、气胸或严重的胸腔积液存在等。经口腔插入气管插管失败时,可考虑气管切开术。

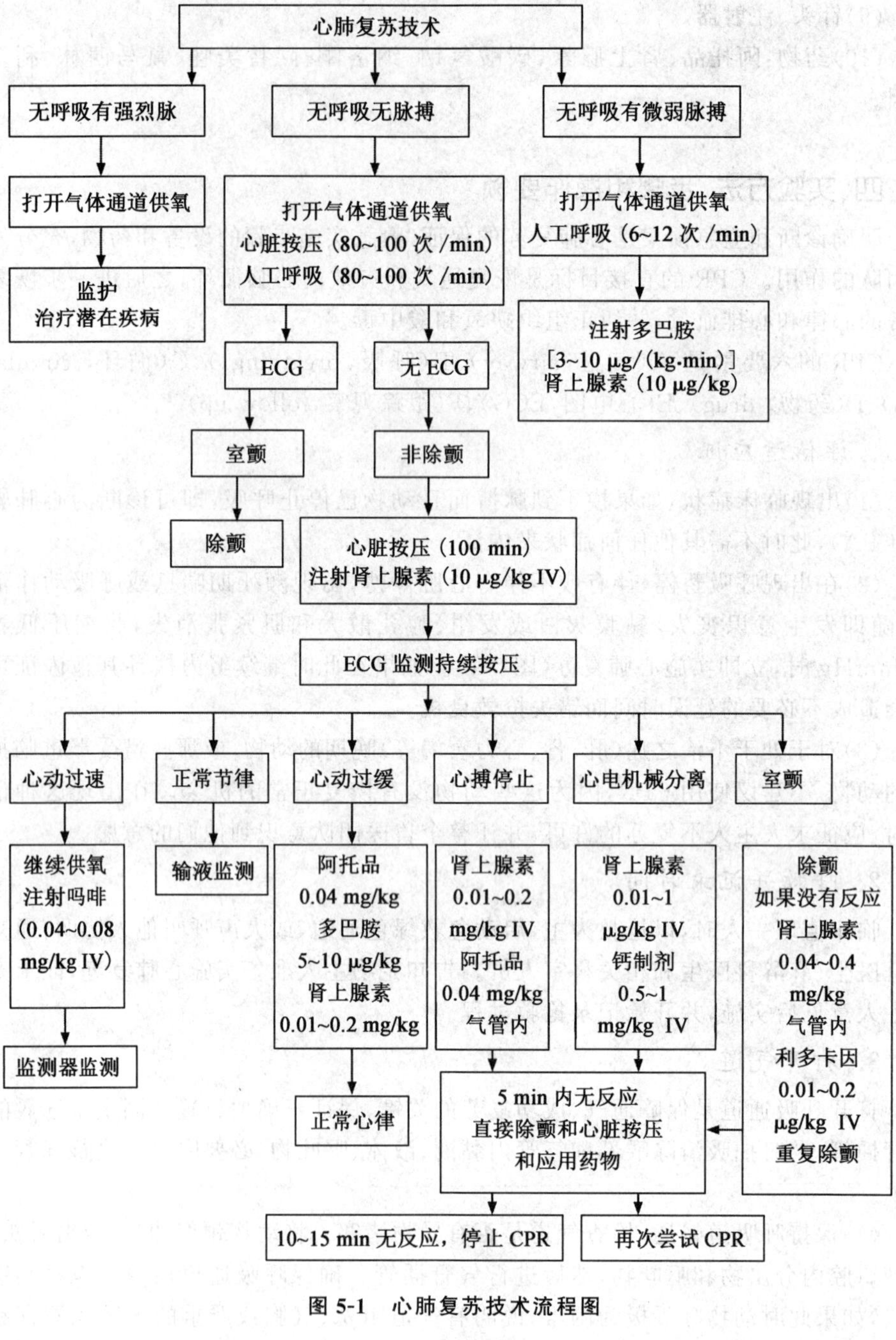

图 5-1 心肺复苏技术流程图

在必要时进行气管插管术(见实验四),可选择适当型号和长度的气管插管。经口腔气管插管后必须加以固定,否则容易脱落。经口腔插入气管插管失败时,可考虑气管切开术。观察胸部起伏状态,在无人压迫胸壁时,向肺内通入正压,应用氧气管通入100%氧气,50 mL/kg 流速。

(2)人工呼吸。人工呼吸速度以 20 次/min 为宜。进行口鼻通气。用双手呈酒杯状放在动物鼻口处,两个拇指形成一个密封的封口,把操作员的嘴放在两个拇指上,并向动物的鼻子吹气来完成,用拇指封口后再重复一次。

此项技术实施过程中,必须注意胃的空气膨胀可能会发生,但可以通过推动喉背来避免堵塞食道。对幼犬和小猫或较大的犬和猫,在上呼吸道直接移除异物后,出现急性呼吸窘迫的情况下可以挽救生命。一旦出现自发通气的迹象,不应立即停止通气支持。间歇人工呼吸通常是必要的,直到病畜恢复意识。观察胸壁的正常运动,持续监测黏膜颜色和毛细血管再充盈时间,将有助于评估通气的充分性。在护理分析仪上测量动脉 pH 和血气参数,这些都是非常宝贵的监测技术。

4. 维持循环

首先打开静脉通路,使用输液系统维持液体输注顺利,随时使用药物,其次采用快而短的按压心脏方式,使胸腔直径缩小 25%～30%促使血液循环。心脏按压方法:体重小于 7 kg 动物采用侧躺,按压第 3～6 肋骨间、胸腔下 1/3。体重大于 7 kg 的采背卧位,按压胸骨后 1/3 处(深胸犬或无法固定也可采用侧躺姿势按压)。

(1)压迫频率至少 80 次/min,小型动物可 100～120 次/min,不能只图加快压迫速度而影响压迫的效果,保持心脏按压与人工呼吸比例为 30∶2。

(2)胸壁压迫可以将动物倒卧或背卧保定。最佳卧式尚无定论,而且据动物胸廓形状不同也不能一概而论。

(3)按压方式也因动物大小不同而异。通常用手掌来进行压迫。

(4)压迫和放松的时间比应为 1∶1。

(5)在两次压迫之间的放松应该是完全的(即允许胸壁回到正常位置)。

(6)压迫所达的深度应为胸宽的 1/4～1/3。

(7)压迫不能中断,不可频繁中止压迫而去检查动物是否有自主收缩反应。

(8)压迫的目的是人工产生血液由心脏向脑组织的灌流直至自主性活动的出现。

(9)压迫是否有效可以根据每一次压迫时脉搏的有无来判断。

5. 除颤术

为了纠正室性心律失常,终止室颤。当心电图(ECG)发现有患畜心室振颤时，可以使用除颤仪进行除颤。心室纤颤时，可用直流电的电力除颤，且在心脏停搏早期最为有效。通过一个短暂的高能量电流经过心肌，使整个心脏发生去极化，从而使心脏重新恢复正常节律。最初使用较低能量，若不成功，渐渐增加能量再次电击和/或快速连击 2 次。通常动物室颤时间越长，除颤需要的能量就越高，且成功除颤的机会就越小。

(1)除颤前必要时遵医嘱给予药物，以提高室颤阈值。

(2)检查及调试除颤器，选择参数，胸外除颤 5～10 J/kg。当第一次除颤不成功，增加 25%～50%剂量再次除颤，第 2 次不成功，再增加 25%剂量，连续操作。

(3)病畜仰卧于诊疗台。

(4)胸外除颤时除颤电极要牢固地置于心外的两侧胸壁，以使电流通过尽可能多的心肌。除颤电极与皮肤接触良好可使电击范围最大，被毛厚的动物进行快速剃毛处理，有效除颤并使组织损伤最小。

(5)除颤电极板及病畜胸部均匀涂抹导电糊，打开除颤器电源并设置到非同步位置，调节除颤器能量至所需读数并开始充电。导电膏用于加强电流到机体的传导，可选择使用商品化的 ECG 胶。注意避免胸壁两侧的导电糊有连接部分。

(6)充电至所需能量后两手同时按压放电开关。一般首次能量给予适当剂量，若除颤无效可重复电击，两次除颤之间充电约需 10 s，应利用此时间继续遵医嘱给予复苏药物及药液。

(7)如室颤为细颤，除颤前可遵医嘱给予肾上腺素使之转为粗颤，再进行电除颤，增强除颤效果。

(8)在除颤前，应确保所有人员不得与动物、ECG 仪、麻醉机、诊疗台和除颤仪接触，以免电击时触电。

(9)进行心电图示波监视，观察生命体征及肢体活动情况。

6. 药物治疗

由于肾上腺素有刺激心脏和升高血压的作用，通常适用于心脏停搏时，推荐中心静脉给药途径，也可以气管内给药。肾上腺素使用时间：心脏停止，剂量 0.2 mg/kg，静脉注射，每分钟补充一次。

多巴酚丁胺使用时间：休克、低血压、心跳缓慢，剂量 5～10 μg/min 静脉注射。阿托品使用时间：副交感神经引起的心率缓慢，剂量 0.04 mg/kg 静脉注射。利多卡因使用时间：心室心搏过速、心室纤颤，剂量 1～4 mg/kg 静脉注射。阿托品、肾上腺素、利多卡因气管内使用的剂量是静脉的两倍，通过一个超出气管尖端的红色橡胶管注射，然后使用 4～8 mL 的生理盐水通过红色橡胶管将药物冲到气管内，注射完后进行 10 min 的过度通气。

7.跟踪观察

自主心跳呼吸恢复后,要将抢救转移到脑缺血和缺氧性的防治工作上来,促进大脑功能的全面恢复。纠正酸中毒,电解质平衡,输注多巴胺或多巴酚丁胺可有助于抵消心脏停搏后常发的心室功能抑制。

持续监测 ECG,通常推荐静脉补液以防止低血压,并可恢复缺血组织毛细血管床的灌注。插上导尿管,可继续检测尿量,必要时进行尿检,尿量的多少不仅反应肾脏的功能,而且间接地反应血容量及末梢循环状态。然后根据其潜在的疾病进行针对性的治疗。同时控制感染和吸氧及检测体温、血氧、心率、呼吸、血糖、血压、瞳孔反射等。

五、讨论心肺骤停的病因

心脏功能和血液循环停止时可引发心室纤颤、心室停搏或电机械分离(electromechanical dissociation, EMD),主要发生于极度窦性心动过缓、低血压、休克、创伤、酸中毒、体液及电解质平衡失调、严重贫血、冠状动脉血栓栓塞和扩张型心肌病等原发性心脏疾病以及引起呼吸停止的一些病因,如严重的肺部疾病、窒息、气管阻塞、麻醉剂或药物过量或不适当使用,以及中枢神经系统疾病,呼吸停止的特征是呼吸暂停但存在持续的心跳,若不逆转,则很快导致致死性心律和心肺骤停。由于心肺疾病和心肺功能停止的病畜发生电机械分离,即使心电图(ECG)正常,也需要确认是否存在心跳和脉搏。

心室纤维性颤动是犬最常见的致病性心律失常,猫主要发生 EMD,由于持续性心室纤颤的发生需要心肌达到一定的大小,而猫的心脏较小,其可清除持续性纤颤而自主恢复为窦性节律。通常猫和幼犬呼吸停止出现于心脏停搏之前,及时进行辅助通气供氧可以防止心脏停搏,尤其对于无严重潜在疾病患畜更为有效。4 岁以上的犬心肺功能停止较单独出现呼吸停止更为常见。

六、实验注意事项

(1)临床明确诊断心肺复苏适应证,是否进行 CPR,要充分征求宠物主人的意见,以防产生不必要的误会。

(2)临床操作时,如气管插入,特别是除颤时,注意医生和动物的安全。

(3)实行打开呼吸通路时,供氧和人工呼吸时,注意过度呼吸造成肺的损伤,同时注意人工呼吸气体进入胃内,在操作时由助手按压食管以防止气体进入食管。

(4)成功完成心肺复苏后,临床监护十分重要,心血管系统功能,直到心律失常消失数小时。继续监测 ECG,必要时进行血气分析,调整输液类型,如发生酸中毒时使用碳酸氢钠。排除普通病因,如缺氧、高血钾等。

(5)监护中枢神经系统的变化,治疗或预防脑水肿。保持动物头部高位,给予适当剂量的甘露醇。

(6)继续监护呼吸系统,通过鼻氧气管供氧,直到动物可以呼吸室内空气而不出现缺氧症状,用血氧饱和度监护仪及动脉血气分析综合判定动物状态,同时注意动物由于呼吸加快是否发生肺水肿及胸腔积液,可以用 X 线明确诊断。

(7)肾脏功能的监护,根据尿量的变化,出现少尿或无尿状态时,静脉输液要注意避免输液过量,同时保护胃肠道功能。

实验六　瘤胃液的采集与检验

一、实验目的与要求

(1)通过实验,加深对瘤胃内环境和反刍动物消化功能特点的理解,学会瘤胃液的采集与检验方法。

(2)学会瘤胃液理化性质的检查、化学成分的检验方法。

(3)学会瘤胃内容物纤毛虫活力的检验及纤毛虫的计数方法。

(4)掌握瘤胃液内容物感官变化、酸碱度、纤毛虫活力及数目变化的临床意义。

(5)掌握健康反刍动物瘤胃液的理化特点及其前胃患病时的变化趋势,并运用于诊断和治疗前胃弛缓、瘤胃酸中毒、瘤胃碱中毒等前胃疾病。

实验学时:3 学时。

二、实验的基本原理

瘤胃内有多种微生物(包括细菌及原虫),可合成蛋白质、维生素,并产生挥发性脂肪酸。瘤胃相当于一个生物发酵罐,进行着复杂的化学变化。然而这些变化与饲料种类、饲料配合的比例及动物的健康状态有关,并因微生物的数量与种类等而有较大的变动。一般来说,适宜的瘤胃内环境,应有一定的温度、pH、水分和渗透压,每毫升瘤胃液中应包含 50 万～100 万个原生物(主要是纤毛虫)和 100 亿个以上的细菌,纤毛虫活力应在 65%左右。在这种情况下,瘤胃对含氮物、碳水化合物、脂肪等,都有较强的消化能力,并能合成 B 族维生素及维生素 E 和维生素 K 等。但当反刍动物发生前胃弛缓、瘤胃酸中毒、瘤胃碱中毒等前胃疾病时,瘤胃的消化功能就会降低,瘤胃的温度、渗透压、pH 等就可能发生相应的变化。因此,通过对瘤胃内容物理化性质、纤毛虫的检验,就可以直接或间接反映出瘤胃的健康状况,为反刍动物前胃疾病的诊断及治疗提供依据。

三、实验主要内容

(一)瘤胃内容物的采集

1. 实验仪器和材料

(1)胃导管。软硬适宜的橡皮管或塑料管,依动物种类、大小不同选用相应口径及长度；特制的胃导管，长 2.5 m，直径 1.5 cm，在其前端约 40 cm 部分有许多直径约 5 mm 的侧孔，抽吸时不易被饲料堵塞，更为适宜。

(2)电动吸引器或手摇式、脚踏式吸引器。

(3)搪瓷量筒、橡皮球、漏斗、长针头、注射器、润滑油等。

2. 实验方法、实验步骤和操作要领

(1)当动物反刍时，观察到有食团自食道逆蠕动至口腔时，采集者迅速一手抓住舌头，另一手伸向舌根部，即可将食团由口腔内取出，榨取瘤胃液。本法对健康牛奏效，但采量较少。

(2)在左肷部剪毛消毒，用长针头穿刺瘤胃，连接注射器抽取瘤胃液。本法简单易行，但要注意防止感染，且采量较少。方法见实验二中“瘤胃穿刺”。

(3) 用量较多或动物反刍废绝时，从鼻孔或口腔送入胃管，直至瘤胃背囊，连接吸引器的负压瓶，开动马达，抽吸瘤胃液。

3. 实验注意事项

(1)胃管使用前要仔细洗净、消毒；涂以润滑油或水，使管壁滑润；插入、抽动时不宜粗暴，要小心、徐缓，动作要轻柔。

(2)有明显呼吸困难的病畜不宜用胃管；有咽炎的病畜更应禁用。

(3)在插入胃管后，遇有气体排出，应鉴别是来自胃中还是来自呼吸道；来自胃内的气体有臭味，与呼吸动作不一致。而来自肺中的气体常不带臭味，排气和呼气动作一致。

(4)经鼻插入胃管，可因管壁干燥或强烈抽动，鼻黏膜有肿胀、发炎等而损伤黏膜，导致出血，应引起注意。如少量出血，不久可自停；出血很多时，可将头部适当高抬或吊起，进行鼻部冷敷，或用大块纱布、药棉暂时堵塞一侧鼻腔；必要时宜配合应用止血剂、补液乃至输血。

(5)瘤胃穿刺抽取瘤胃液时，开始会有气体排出，排气速度宜慢。

4. 瘤胃内容物采集后的处理

抽取后的瘤胃内容物，在一般感官检查后，可用双层纱布滤去粗纤维，作为检查纤毛虫用。

(二)一般感官检查

1. 气味

健康瘤胃内容物具有饲料的芳香气味。若有酸臭或腐败臭味，多为瘤胃内容物过度发酵，见于瘤胃积食、瘤胃鼓气等。

2. 颜色

健康瘤胃液为淡绿色。以青贮料为主时，呈黄褐色。精料饲喂过多，出现瘤胃酸中毒时，常呈灰白色。

3. 黏稠度

用玻棒轻蘸少许瘤胃液观察。正常瘤胃液黏稠度适中。过于稀薄，见于瘤胃功能降低、酮病、瘤胃酸中毒和皱胃变位时。黏稠度增加且混有大量气泡，多为瘤胃鼓气。

4. 沉渣

将瘤胃液倒入试管后观察。正常瘤胃液很快有沉渣出现，若沉渣过粗且成块时，多为瘤胃功能下降。

（三）酸碱度的测定

1. 实验仪器和材料

pH 试纸或 pH 计。

2. 实验方法与步骤

(1) pH 试纸法。取新采集的瘤胃液，先用 pH 广泛试纸条，然后再用精密 pH 试纸条浸湿被检瘤胃液，立即与标准比色板比较，判断瘤胃液的 pH 范围，作出半定量。

(2) pH 计测定法。用 pH 电极可精确测出瘤胃液 pH。

3. 参考值

牛瘤胃液酸碱度测定参考值见表 6-1。

表 6-1　牛瘤胃液酸碱度测定参考值

动物种类	测定头数	数值	资料来源
黄牛	44	7.94(7.0～8.5)	陕西省兽医研究所
水牛	160	6.83±0.44	广西农学院
水牛	70	7.34±0.37	湖南农学院

4. 结果分析

瘤胃液的 pH，与饲料的种类有很大关系。pH 下降为乳酸发酵所致，见于过饲碳水化合物为主的精料，瘤胃功能降低和 B 族维生素显著缺乏。pH＜5 时，瘤胃内微生物全部死亡。pH 过高（pH＞8.0）见于过饲蛋白质为主的精料，此时微生物活动受抑制，消化发生紊乱。瘤胃发生酸中毒时，pH 常在 4.0 左右；瘤胃碱中毒时，pH 可达 8.0 以上；前胃弛缓时，pH 可高可低，也可能变化不大。

(四)发酵实验

1. 实验仪器和材料

糖发酵管、恒温箱、量筒、烧杯、葡萄糖等。

2. 实验方法、步骤和操作要领

取滤过瘤胃液 50 mL，注入糖发酵管，加入葡萄糖 40 mg，置于 37℃恒温箱中放置 60 min，读取产生气体的毫升数。

3. 参考值

健康牛、羊瘤胃液发酵实验，60 min 可产气体 1～2 mL，最多可达 5～6 mL。

4. 数据处理和实验结果分析

在营养不良、食欲缺乏、前胃弛缓以及某些发热性疾病，由于瘤胃内的微生物活动减弱或停止，使糖发酵能力减低，产生气体的体积常在 1 mL 以下。据测定，黄牛患前胃弛缓时，24 h 发酵所产生的气体仅有 0.5 mL。

(五)纤毛虫检查

1. 实验仪器和材料

(1)纤毛虫计数板。在血细胞计数板的计数室两侧，用黏合剂粘贴 0.4 mm 的玻片，使计数室的底部至盖玻片之间的高度变成 0.5 mm(也可用 0.90 mm 的玻片黏贴在计数板上，使高度变成 1.0 mm)。

(2)试管、毛细滴管、载玻片、盖玻片、显微镜等。

(3)甲基绿甲醛液。甲基绿 0.3 g，甲醛溶液 100 mL，氯化钠 8.5 g，蒸馏水加至 1 000 mL。

(4)0.3％冰醋酸液。

以上两种稀释液任选一种即可。

2. 实验方法、实验步骤和操作要领

(1)纤毛虫活力检查。取新采集的瘤胃液，用双层纱布滤过后，滴在载玻片上涂成薄层后，用低倍镜观察 10 个视野，计算每个视野中纤毛虫的平均数，并计算其中有活动力的纤毛虫百分数。采集后的纤毛虫，由于受温度的影响，其活力逐渐下降，最好使用显微镜保温装置，如无条件时，可将载玻片在酒精灯上稍加温后立即镜检。

(2)纤毛虫计数。

①吸取稀释液 1.9 mL 置于小试管中，加瘤胃液 0.1 mL，轻轻混匀，此为 20 倍稀释。

②用毛细滴管吸取上述液体，放于计数池与盖玻片接触处，即可自然流入计数池内。注意充液不可过多或过少，过多则溢出而流入两侧槽内，过少则计数池中形成空气泡，致使无法计数。

③充池后待 2～5 min，用低倍镜依次计数四角 4 个大方格内的纤毛虫。计数时，先用低倍镜，光线要稍暗些，找到计数池的格子后，把大方格置于视野之中，然后转用高倍镜计数。

3. 注意事项

纤毛虫计数是一项细致的工作，稍微粗心大意，就会引起计数不准。取样一定要准确，稀释液要与瘤胃液充分混匀；充液量不可过多或过少，过多可使盖玻片浮起，过少则计数室中形成小的空气泡，使计数结果偏低甚至无法计数；显微镜台未保持水平，使计数室内的液体流向一侧，可使计数结果不准确。

4. 参考值

健康动物纤毛虫数为 50 万～100 万/mL，各地报道的参考值见表 6-2。

表 6-2 牛纤毛虫计数参考值

动物种类	*N*	*X*±SD/(万/mL)	资料来源
黄牛	44	51.26(13.90～114.60)	陕西兽医研究所
水牛	162	34.09±12.18	广西大学农学院
水牛	70	39.27±18.51	湖南农业大学

5. 数据处理和实验结果分析

计数四角 4 个大方格内纤毛虫的数目，按下式计算出毫升瘤胃液中的纤毛虫数：

$$\frac{4\text{个大方格纤毛虫总数}\times 20\times 2}{4}(\text{个}/\mu\text{L})$$

$$\frac{4\text{个大方格纤毛虫总数}\times 20\times 2\times 1\ 000}{4}(\text{个}/\text{mL})$$

报告结果时，通常用万/mL 来表示。

瘤胃内的纤毛虫是反刍动物正常消化必不可少的原虫。一般认为采取后直至 45 min，纤毛虫活力为 64.6%～65.0%。正常时每毫升瘤胃液中含 40 万～100 万个纤毛虫，如低于 10 万个或其活力降低，即可提示为消化器官疾病或消化功能紊乱。在前胃弛缓时，纤毛虫数可降至 7.0 万/mL，而在瘤胃积食及瘤胃酸中毒时，可下降至 5.0 万/mL 以下，甚至无纤毛虫。瘤胃内纤毛虫数逐渐恢复，提示病情好转。

(六)亚硝酸还原实验

1. 实验仪器和材料

(1)反应瓷板、试管。

(2)0.025%亚硝酸钾溶液。

(3)试剂 A：取磺酸 2 g，溶于 30%醋酸 200 mL 中。

(4)试剂 B：取 α-胺 0.6 g，浓硫酸 16 mL，加蒸馏水 14 mL。

2. 实验方法与步骤

将瘤胃液以双层纱布过滤。取试管 3 支，按表 6-3 操作。在 39℃恒温箱内培养 5 min，各取 1 滴分别置于白色反应瓷板孔内。然后各孔内分别加试剂 A、B 各 2 滴，观察记录显色时间。

表 6-3 亚硝酸还原实验操作方法 mL

项 目	试管 1	试管 2	试管 3
瘤胃滤液	10	10	10
亚硝酸液	0.25	0.5	0.75

3. 实验注意事项

滴加试剂液滴大小应相近。

4. 数据处理和实验结果分析

正常牛显色时间为 5～10 min，若为 100～120 min，多为糖类、蛋白质饲料缺乏。

(七)纤维素消化实验

1. 实验仪器和材料

(1)小铅锤、棉线或纯纤维素、烧杯。

(2)10%葡萄糖溶液。

2. 实验方法、步骤和操作要领

(1)纤维素法。取 10 mL 瘤胃过滤液,加 10%葡萄糖溶液 0.2 mL,再加入 1 g 纯纤维素,置于 39℃水浴中,静置,观察纤维素消化时间。

(2)挂线法。棉线 1 根,一端拴上小铅锤,悬挂于瘤胃过滤液中,观察棉线消化断的时间。

3. 实验注意事项

瘤胃液应即采即用,棉线粗细相近。

4. 数据处理和实验结果分析

健康牛瘤胃液纤维素消化时间为 48～54 h,若大于 60 h,说明瘤胃消化机能减退。

实验七　牛胃内金属异物的探测与吸取

一、实验目的与要求

(1)通过实验,要求学生掌握金属探测器的使用方法。

(2)通过实验,要求学生掌握牛胃内金属异物的吸取方法和操作要领。

(3)通过金属异物探测实验,要求学生掌握金属异物在牛胃内的定位判定,并运用这一辅助诊断方法,结合临床,综合判定牛创伤性网胃炎,网胃-心包炎和网胃-腹膜炎。

实验学时:3 学时。

二、实验材料与设备

(1)31-500IA 型金属异物探测器。

(2)永久性磁棒:一种铝、镍永久材料铸成的圆柱状磁棒。有两种规格:①直径 14 mm,重 80 g;②直径 18 mm,长 70 mm,重 160 g。

(3)临时性磁棒:在上述磁棒的一端用锡焊一个小铁环或小铁柄,以系绳固定。

(4)投放器:选一根长 60～80 cm 的普通胶管,内径以放入磁棒为适度,管内插一根小木棒作挺杆。

(5)开口器:木制,长 25～30 cm,中央较粗,并有 3 cm×4 cm 的椭圆形孔,以通过装有磁棒的胶管,开口器两端多有一小孔,以绳固定。

(6)塑料桶一个,凡士林少量。

(7)实习用牛(或病牛)一头。

三、实验方法与步骤

1. 临床检查

牛创伤性网胃炎的典型病例,根据临床特征和血液学检查可建立诊断,而非典型病例(图 7-1)还需进行下列诊断实验:疼痛实验,X 射线检查,腹腔穿刺液检查以及金属探测检查。

2. 金属探测检查

(1)先将牛保定在六柱栏内,并找到瘤胃和网胃的投影区。

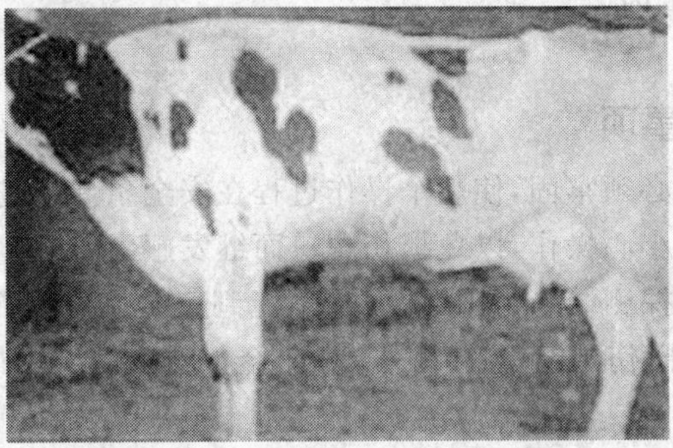

图 7-1　患创伤性网胃-心包炎而消瘦的病牛

(2)将金属探测器的探头放置在牛左侧腹部，剑状软骨突起的后方，相当于左侧第 6～7 肋骨间，前缘紧按膈肌而靠近心脏区，或置于左侧腹部，从前至后或从上至下缓慢移动。如果胃内有金属异物，就会发出嘶嘶叫声，探测结果为阳性。但须指出，金属探测器能检出距腹壁 60 cm 以内的 18 mm 长的细针头；在整个网胃区和心区的粗针头都可以检出。

3. 金属异物(图 7-2)的吸取

(1)投放临时性磁铁的操作方法。先根据牛体大小灌入 20～30 kg 常用水，稀释胃内容物。后将开口器放入口中，并固定好，磁棒涂凡士林，放入腹管内的 1/2 处，磁棒系绳端向外，以绳系于牛角上固定。推动投放器挺杆，推出磁棒置于瘤胃内，取出推进器，牵牛上下坡运动数次，促使磁铁在胃内移动，经 1～2 h 后，牵引磁棒上的系绳。牵引时，时紧时松改变拉力，缓慢将磁棒拉出，取下开口器。

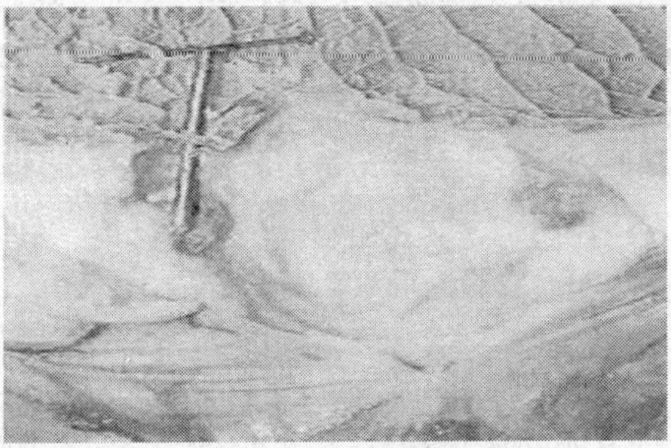

图 7-2　铁钉黏附在网胃黏膜上

(2)投放永久性磁棒方法。按上述方法，将磁棒投入瘤胃内，投后不再取出，让永久性磁棒停留于胃内。

四、实验注意事项

(1)实习牛保定必须牢固,使整个操作过程在安全条件下进行。

(2)插胶管时应小心操作,以免损伤食道而继发感染。

(3)金属探测器探测结果为阳性,但它不能判定金属物是否刺伤了牛的胃壁,也不能说明已造成损伤或穿孔。此外,对非金属异物引起的胃壁伤害,探测为阴性。

中篇

常见内科疾病诊疗

实验八 反刍兽单纯性消化不良的诊断与治疗

一、实验目的与要求

(1)掌握反刍兽单纯性消化不良的发病原因与临床表现。

(2)掌握反刍兽单纯性消化不良的诊断要点和治疗原则。

(3)熟悉反刍兽单纯性消化不良与其他几种常见前胃病和真胃疾病的鉴别诊断要点。

(4)掌握家畜瘤胃内容物实验室检查的要点、瘤胃冲洗方法及注意事项。

实验学时:3 学时。

二、实验材料准备

1.主要仪器和设备

胃导管、听诊器、注射器、体温计。

2.实验动物

牛或羊。

3.人工复制病例

在实验的前 2 d,每天连续 2 次给羊或牛皮下注射硫酸阿托品,牛剂量为 15～30 mg/kg 体重,羊剂量为 2～4 mg/kg 体重。

三、病史询问要点

(1)动物的品种、年龄、性别、既往病史等。

(2)患畜平时的饲养管理情况,如饲草、饲料的质量,是否有发霉、变质的情况,是否突然更换饲料、饲草或定时饲喂,饮水是否充足,是否过饥过饱,是否进行长途运输或重役等。

(3)患畜发病情况,病牛(羊)发病的时间,发病时的表现,是否有食欲,对饲草、饲料需求量的变化情况,是否还反刍,鼻镜状态,是否流涎,是否有咳嗽、喘、腹泻或便秘等症状,从发病到目前为止,是否有新症状出现,如鼓气等,原有的症状是否消失等。

(4)是否进行过治疗,如何治疗,治疗效果如何。

四、临床检查要点

(1)体温、脉搏、呼吸数的测定。

(2)体表外貌的观察。如精神状态,体格营养,发育状况,被毛状态,是否有体表病变,皮温状态,鼻镜的干湿度和可视黏膜颜色等。

(3)消化系统检查。在检查饮食欲、口腔、食管、腹围大小等的基础上,重点观察患畜的反刍次数、每次持续时间及反刍是否有力,嗳气次数、气味,磨牙,前胃的蠕动情况,瘤胃内容物状态,肠音的变化,排泄情况,是否有腹泻或便秘,粪便量是否有变化,粪便的颜色和是否混有杂物,有无异嗜症状等。

(4)胸部检查。心音的强度、心跳的节律、是否有心杂音等。呼吸音是否有变化,是否有啰音、捻发音、摩擦音等。叩诊或触诊心区是否敏感等。

(5)其他系统的检查。

五、实验室检验

1.血常规检查

2.瘤胃内容物的检查

(1)瘤胃液 pH 的测定。瘤胃液 pH 下降至 5.5 以下(正常为 6～7)。

(2)瘤胃内的纤毛虫数量及活力的测定。纤毛虫活力降低,数量减少至 7.0 万/mL 左右(正常黄牛为 13.9 万～114.6 万/mL,水牛为 22.3 万～78.5 万/mL)。

(3)葡萄糖发酵实验。葡萄糖发酵实验,糖发酵能力降低,60 min 时,产气低于 1 mL 甚至产生的气体仅有 0.5 mL(正常牛、羊,60 min 时,产气 1～2 mL)。

(4)瘤胃沉淀物活性实验。瘤胃沉淀物活性实验,其中微粒物质漂浮的时间延长(正常为 3～9 min)。

(5)纤维素消化实验。纤维素消化实验,用系有小金属重物的棉线悬于瘤胃液中进行厌气温浴,棉线被消化断离的时间超过 60 h(正常为 50 h 左右),显示前胃弛缓,消化不良。

六、实验步骤与讨论

(1)学生分组采集病例病史、体格检查。

(2)学生报告病例摘要并提出必要的辅助检查项目,说明每项检查的目的,由老师提供相应检查项目的结果(血常规,瘤胃内容物检查指标等)。

(3)学生概括本病病因和临床特点。

(4)由老师结合病例的实际情况,以提问的方式引导学生讨论。

①本病例的临床诊断。诊断要点及不支持论点。

②本病的鉴别诊断。

a.应与其他原因所致前胃疾病如瘤胃积食、瘤胃酸中毒、瘤胃鼓气、瓣胃阻塞、瘤胃内异物、创伤性网胃心包炎等进行鉴别。

b.应与伴有反刍、嗳气紊乱为主症的真胃疾病如真胃变位、真胃溃疡、真胃阻塞等相鉴别。

c.应与伴有消化不良性疾病如肝脏疾病、肝片吸虫、附红细胞体等疾病进行鉴别诊断。

③治疗讨论。

a.单纯性消化不良的治疗原则与方法。

b.前胃兴奋药的选择、使用及注意事项,如浓盐水、吐酒石、拟胆碱类药物(毛果芸香碱、毒扁豆碱、新斯的明、氨甲酰胆碱等)和促反刍液等。

c.洗胃的应用原则、方法和注意事项。

d.反刍兽单纯性消化不良的中医辨证论治。

e.开出住院治疗医嘱。

七、思考题

(1)反刍兽单纯性消化不良的发病原因和临床特征有哪些?

(2)反刍兽单纯性消化不良与反刍、嗳气紊乱为主症疾病的鉴别诊断有哪些?

(3)瘤胃内容物检测的指标和意义是什么?

(4)反刍兽单纯性消化不良的治疗原则与方法有哪些?

实验九 家畜支气管炎的诊断与治疗

一、实验目的与要求

(1)掌握支气管炎的临床表现、诊断要点和治疗原则。

(2)掌握支气管炎的发病原因、发病机理和预防措施。

(3)进一步掌握 X 线检查的方法。

(4)进一步熟练掌握胸部正常听诊音与病理性听诊音。

(5)进一步熟练掌握胸部正常叩诊音与病理性叩诊音。

(6)掌握呼吸系统病例报告格式。

实验学时:3 学时。

二、实验仪器和材料准备

(1)X 线诊断仪、X 线胶片、洗片桶、洗片夹、观片灯等。

(2)听诊器、体温计、叩诊锤和叩诊板等。

(3)显影剂、定影剂等。

(4)支气管炎病例 1～2 例。

(5)支气管炎正侧位 X 线胸片及支气管胸片各一份,卡他性肺炎正侧位 X 线胸片一份。

(6)祛痰止咳和消除炎症等一些药物。

三、病史询问要点

(1)动物品种、性别、年龄、毛色、环境条件等。

(2)起病日期与地点,起病急缓,病程的经过,可能的致病原因,畜群的发病情况。

(3)体温及热型变化。

(4)咳嗽(性质、频度、强度、是否疼痛)、咳痰液(量、性状、有无异味)。

(5)呼吸困难的类型与程度。

(6)有无休克症状和精神状态的异常,如意识模糊、烦躁不安、嗜睡、四肢末梢厥冷、多汗等。

(7)有无消化系统症状,如反流、呕吐、腹痛;饮食、采食、吞咽、咀嚼、反刍、嗳气等有无异常。

(8)尿量及粪便变化情况。

(9)起病后的诊治经过及病情发展演变情况。

(10)有无既往史,有无类似病史,有无慢性呼吸系统疾病(如肺结核)、心血管疾病及代谢性疾病(如糖尿病)等病史。

(11)治疗和用药情况,治疗后的临床症状等。

(12)饲养、管理、使役及生产利用情况等。

四、临床检查要点

(1)体格、发育、营养状况,体态、姿势与运动、行为等,体温、脉搏、呼吸次数和血压的测定,精神状态。

(2)呼吸类型、呼吸节律、鼻液(量、性状、混杂物)、呼出气有无异味、有无呼吸困难和发绀。

(3)颈部。气管位置,颈浅淋巴结,颈静脉管,有无颈部抵抗感。

(4)胸部。胸廓的形状、胸部皮肤的病变、胸壁的触诊;病理性叩诊音(浊音、半浊音、鼓音、过清音、破壶音、金属音)、病理性呼吸音(肺泡呼吸音的变化、病理性支气管呼吸音、病理性混合呼吸音、捻发音、空瓮呼吸音、啰音、击水音和胸膜摩擦音)、肺叩诊区的大小。

(5)心脏。大小、心尖搏动强度、心率、节律、心杂音、心音的性质、心音的分裂。

(6)腹部。腹围的变化,有无压痛,肝、脾肿大情况。

(7)反刍兽的胃肠。瘤胃的听诊、叩诊的变化,网胃的触诊和叩诊的变化,瓣胃、真胃听诊的变化等。

(8)有无病理性神经定位体征。

五、实验室检验

1. 血常规检验

2. 胸部的侧位和正位 X 线摄片

(1)大家畜的胸部透视检查。大家畜胸部的透视检查一般可选用管电压 65～75 kV,管电流 2～5 mA(一般 3 mA 即可);距离 80～100 cm。将大家畜站立保定,采用侧位(即从左侧向右侧或从右侧向左侧),X 线管中线对准胸腔中央部位,将荧光屏紧靠胸部,进行透视检查。

大家畜特别是马肺脏前方被丰满的肩胛肌肉遮盖,后方为膨隆的膈肌和腹腔器官，上界为粗大的脊柱，前下方为心脏，故肺的视野小呈狭窄的三角区域。肋骨由脊柱向后下方呈稍倾斜的长条状致密阴影，并将整个肺野分隔成许多间隔。靠近荧光屏侧的肋骨影像清晰，而远侧肋骨影像模糊，膈肌位于肺野后界，呈向胸腔隆凸的弧形阴影，常随家畜的呼吸运动而前后移动。心脏呈半圆形均质阴影，位于肺野前下方。主动脉呈中等密度的带状阴影，与脊柱平行。后腔静脉呈密度较低的线状阴影，横贯于肺野下方（下 1/3 处）。肺纹理由肺动脉、肺静脉和支气管等组成，呈树枝状阴影，位于肺野中央。

正常肺组织密度较低，吸收 X 线量较少，故在荧光屏上呈现最明亮的均质影像。

（2）小家畜的胸部透视检查。小家畜胸部透视检查所需管电压的选定依个体大小而定，一般小、中猪用 50～65 kV，大猪用 70 kV，特大猪可用 75 kV。羊可参考猪的；背胸位时管电压较高。管电流为 2～3 mA。距离为 60～80 cm 为宜。透视方位可根据情况而定，采用站立侧位、直立侧位、直立斜位及直立背胸位均可，但以后者为最常用。

对猪直立背胸位透视检查时，可见胸廓上窄下宽，脊柱位于胸位中央，左右两侧肺野清晰对称，膈肌呈半弧形隆凸。其后方与腹腔内脏器阴影连接。心脏呈均质阴影，轮廓清楚。当直立侧位透视时，其脊柱、肋骨、胸骨及肺野阴影清晰可见。3 个三角区（以脊柱、膈肌、心脏基部及后腔静脉为界而构成的椎膈三角形区域；以膈肌、心脏后缘和后腔静脉为上界的心膈三角区域和以心脏前缘和胸骨所构成的心脏三角形区域），界限分明。气管呈条状阴影，前宽后窄，于第 5～6 肋间分叉形成支气管。心脏呈均质致密阴影，外形整齐，轮廓清楚。主动脉呈中等密度的带状阴影，与脊柱平行地贯穿于椎膈三角区的底部。后腔静脉呈密度较低的阴影，位于心基与膈肌之间。

对羊直立侧位透视检查时，其肺野范围最大。肋骨呈带状弓形阴影，由脊柱开始斜向后下方。膈肌呈圆形阴影，向胸腔隆凸。心脏呈椭圆形均质致密阴影。大动脉呈均质阴影平行于脊柱下方。后腔静脉于心基部呈隐约可见的阴影。

六、实验步骤与讨论

（1）学生分组采集病例病史和进行现症的临床检查。

（2）请学生报告病例摘要并提出必要的辅助检查项目，说明每项检查的目的，由老师提供相应的检查项目的结果（血常规、痰抹片、痰培养、X 线胸片报告等）。

（3）学生概括本病病因和临床特点。

（4）由老师结合病例的实际情况以提问的方式诱导学生讨论。

(5)本病例的临床诊断要点。

①急性大支气管炎:主要症状是咳嗽,病初呈短、干、痛咳,以后随渗出物增多变为湿、长咳嗽;流鼻液,病初呈浆液性,以后流出黏液性或黏液-脓性;肺部听诊,可听到湿性啰音(大中小水泡音)和干性啰音,全身症状较轻,体温升高 0.5～1℃,一般持续 2～3 d 后下降,呼吸和脉搏稍快。

②急性细支气管炎:通常是由大支气管炎蔓延而引起,因此初期症状与大支气管炎相同,当细支气管发生炎症时,全身症状明显,体温升高 1～2℃。主要症状是呼吸困难,多以腹式呼吸为主的呼气性呼吸困难,有时也呈混合性呼吸困难,可视黏膜发绀,脉搏增数。肺部听诊,肺泡呼吸音普遍增强,可听到干性啰音和小水泡音或捻发音。肺部叩诊音较正常高朗,继发肺气肿时,叩诊呈鼓音,叩诊界后移(1～2 肋骨)。

③腐败性支气管炎:除具有急性支气管炎的症状外,呼出的气体有恶臭味和流出污秽带有腐败臭味的鼻液,全身症状严重。

④ X 线检查:一般不见异常,细支气管炎时,可见肺部有纹理较粗的支气管阴影,肺野模糊,肺界扩大,而无病灶阴影。

⑤慢性支气管炎:主要症状是持续性的频咳,无论是黑夜还是白昼,运动或安静时均出现明显咳嗽,尤其在饮冷水或是早晚受冷空气的刺激后更为明显,多为干、痛咳嗽。肺部听诊常可听到干性啰音,叩诊音一般无变化,当出现肺气肿时,叩诊呈过清音或鼓音,叩诊界后移。由于支气管黏膜结缔组织增生,支气管的管腔狭窄或发生肺气肿时,则出现呼吸困难。X 射线检查,当出现支气管周围炎时,肺纹理增强、增粗,阴影变浓。

(6)本病例的鉴别诊断。应注意与卡他性肺炎、流行性感冒、急性上呼吸道感染等进行鉴别诊断。

①卡他性肺炎:病初呈急性支气管炎的症状,随着病情的发展,当多数肺泡群出现炎症时,全身症状明显加重,体温升高,呈弛张热,有的呈间歇热,叩诊小片浊音区,听诊肺泡呼吸音减弱或消失,有捻发音,咳嗽,呼吸困难,X 线检查显示肺纹理增强,伴有大小不等的小片状阴影。

②流行性感冒:发病迅速,体温高,全身症状明显,并有传染性。

③急性上呼吸道感染:鼻咽部症状明显,一般无咳嗽,肺部听诊无异常。

(7)本病例的治疗讨论。治疗原则是祛痰止咳和消除炎症。

(8)开出本病例的门诊或住院医嘱。

七、实验注意事项

(1)病史询问和现症的临床检查应尽可能地全面。

(2)遵守X线机使用中应注意的事项。

(3)遵守家畜胸部听诊和叩诊检查的注意事项。

(4)注意鉴别家畜胸部正常听诊音与病理性听诊音。

(5)注意鉴别家畜胸部正常叩诊音与病理性叩诊音。

(6)注意辨别正常与异常的胸片。

(7)注意鉴别支气管炎与卡他性肺炎的胸片。

(8)要注意与一些相似的疾病进行鉴别诊断。

八、思考题

(1)如何诊断支气管炎?支气管炎的治疗要点有哪些?

(2)如何鉴别急性支气管炎与卡他性肺炎、流行性感冒、急性上呼吸道感染?

(3)如何鉴别急性支气管炎与慢性支气管炎?

(4)对痰培养结果如何评价?

(5)X线摄片要注意哪些事项?如何判断胸片的异常变化?

(6)经过教师讲授和亲自操作及观察临床检查和实验室检查结果,写出实习报告一份。

(7)引起急性支气管炎与慢性支气管炎的病因有哪些?它们的发病机理如何?

(8)书写呼吸系统病例报告要注意哪些事项?

实验十　动物尿路结石的诊断与治疗

一、实验目的与要求

(1)掌握动物尿路结石的诊断要点。

(2)掌握动物尿路结石的治疗原则与措施。

(3)熟悉尿路影像技术。

(4)了解尿路结石的成分。

(5)了解尿路炎症的诊治要点。

实验学时:3 学时。

二、实验材料准备

(1)尿路结石患病动物牛、犬、马及猪等多头(只)。

(2)尿路结石病料。

(3)X 线诊断仪。

(4)B 超诊断仪。

(5)CT 机。

(6)膀胱镜。

(7)显微镜。

(8)结石位于不同尿路部位的 X 线照片。

(9)临床诊断、治疗器械。

(10)暗室设备。

三、病史询问要点

(1)动物种类、品种、性别、年龄及发病动物地域来源等。尿路结石患病动物中,动物种类及品种间存在一定差异,雄性发病率高于雌性,有些动物,如犬,老龄犬发病率高。该病呈地方性流行。

(2)饲养管理状况。

①饲料种类、数量、质量,饲喂制度与方法等。饲料是否全价,有无维生素 A 缺乏,是否高钙低磷,饲料是否富含硅、磷等成分;饮水是否充足;是否有长期过饲

某种饲料成分，饲料加工是否得当，有无药物添加等。

②动物生活环境及卫生条件。在某些特定地域中，土壤、饮水中矿物质含量不平衡及工矿污染等，易引发此病。另外，环境条件差也可以引起发病。

(3)有无肾脏及尿路感染病史。肾脏及尿路感染时，易引起局部 pH 改变，有利于晶体析出；脱落的上皮细胞和细菌聚集物等，可以成为形成尿石的核心物质，造成发病。

(4)既往有无类似病史，有无营养代谢性疾病。尿路结石患病动物，当结石较小时，可以引起刺激症状，由于动物剧烈运动或频频排尿，有时可以将结石排出而症状消失，但在本病的致病因素没有消除的情况下，可能复发。一些营养代谢性疾病影响动物对营养物质的吸收与利用，即使饲料成分合理，也可能引发此病。

(5)腹痛程度及有无其他消化系统症状，如呕吐、腹泻、腹围膨大等。

(6)排尿情况。有无尿痛、尿频，有无少尿、无尿，有无血尿。

(7)有无尿毒症症状，如精神沉郁、意识障碍、昏迷、呼吸困难、呼出气体有尿味等。

(8)运动状态。有无运步强拘、运动紧张症状。

(9)精神状态、体温及饮食欲变化。

(10)发病日期，起病缓急，可能的诱发因素。

(11)发病后诊治经过及病情发展变化情况。

(12)治疗和用药情况，治疗后动物表现。

四、临床检查

1.体温、脉搏、呼吸、血压

2.精神状态

3.循环系统检查

心搏动强度、心率、心音节律、有无心杂音等。

4.呼吸系统检查

有无呼吸困难、病理性呼吸音等。

5.姿势与运动

动物有无腰背僵硬，运步紧张，后肢向前运动迟缓，有无弓背摇尾，频频做排尿姿势等。

6. 肾脏触诊

大动物在腰背部强行加压或用拳捶击，也可由腰椎横突下侧方进行切入触诊；对中、小动物，可以直接用双手在腰背部做按压触诊，观察动物敏感情况，有无疼痛。

7. 排尿动作检查

动物有无尿急或尿频，有无少尿或无尿，有无尿闭。动物有无频频采取排尿姿势但无尿液排出，或尿液呈细流状或滴沥排出，排尿时呻吟、弓背、努责等排尿困难和排尿疼痛症状。

8. 尿液感官检查

尿液颜色变化情况，尤其是有无红尿，尿液透明度变化，尿液气味及尿量变化等。

9. 尿道检查

主要对雄性动物，包皮长毛上有无细砂；外部触诊有无积液，有无疼痛，尿道探诊有无阻塞及疼痛反应。

10. 直肠检查

对于大动物，可以进行直肠内触诊。结石一般形成于肾脏和膀胱，但常阻塞在输尿管和尿道的一些生理狭窄处。常见输尿管阻塞部位为肾盂输尿管连接处、输尿管跨越髂血管处及输尿管膀胱连接处，直肠检查时应注意。尿道阻塞部位公牛常在乙状弯曲或会阴部，公马常发生在尿道的骨盆中部。进行直肠检查时，应注意检查肾脏有无肿胀、增大，有无波动感，质地有无变化，敏感性变化等。检查肾盂及输尿管时，应注意肾脏有无积液，输尿管有无扩张，有无坚硬的石块等。膀胱的检查应注意膀胱有无过度充盈，有无压痛，能否触及结石，有无膀胱破裂。小动物可以进行直肠指诊。

11. 腹腔穿刺

当有腹腔积液时，应进行腹腔穿刺，检验穿刺液性质。

五、实验室检验

1. 尿常规检查

应主要检验以下几项。

(1)尿液酸碱反应测定。有指示剂法、pH 试纸法及 pH 计测定法，以 pH 试纸法较常用。

(2)尿潜血检验。联苯胺法及改良联苯胺法。

(3)尿蛋白检验。方法较多,有试纸法、硝酸法、加热醋酸法及磺基水杨酸法等。

(4)尿沉渣检验。注意有无红细胞、各种管型及细小结石颗粒。

(5)尿液细菌培养。对分离细菌进行病原性鉴定及药敏实验。

2. 肾功能测定

包括尿浓缩实验、血液尿素氮测定、血清肌酐测定、血清尿酸测定、肾脏排泄染料实验,有必要及有条件可以进行。

3. 血清钙、磷及尿中钙、尿酸测定

必要时可进行测定。

4. 影像诊断

(1)泌尿系统平片。绝大多数结石能在平片中发现,但应作正侧位摄片,以排除腹内其他钙化阴影如胆囊结石、肠系膜淋巴结钙化、静脉石等。结石过小或钙化程度不高以及相对纯的尿酸结石及基质结石,平片不显示。

(2)尿路造影。可以显示结石所导致的肾脏结构和功能的改变,有无引起结石的局部因素。

(3)B超检查。结石可以呈现为特殊的声影,可以显示平片不能显示的小结石以及透X线结石,同时也可以显示肾脏结构改变和肾积液等。对于慢性肾脏衰竭等不适宜作尿路造影的病例,可以作为诊断和选择治疗方法的手段。

(4)平扫CT。显示结果更加清晰明了,优越于以上几种影像方法,但机器昂贵,有实验条件的可以做。

5. 输尿管镜及膀胱镜检查

可以确定结石部位、大小、数目、形态等,对治疗和预防也有一定的意义,有条件的可以进行。

六、实验步骤

(1)学生分组分别对病例进行病史收集。

(2)对病例进行临床检查,收集症状。

(3)填写病例报告,提出必要的辅助检查项目,并说明每项检查的目的,由相应教师辅助学生进行必要的检查,并分析检查结果。

(4)提出诊断,并说明诊断要点及不支持观点。

尿路结石由于结石存在部位不同,临床表现也存在一定差异。

①肾盂结石时,多表现为明显的肾盂肾炎症状,出现血尿,肾区疼痛,运步强拘(后肢),运动后有时疝痛明显。直肠检查时,肾脏感觉敏感,在肾盂部有时可以触到有砂粒存在。尿沉渣可见有肾小管或肾盂上皮细胞、红细胞、白细胞、蛋白及小砂粒等。

②输尿管结石时,患病动物多表现明显腹痛,腹痛程度与阻塞程度往往成正比,两侧输尿管同时阻塞时,无尿液进入膀胱,动物不排尿,直肠触诊可以触摸到阻塞部位的近肾段输尿管明显紧张且膨胀,有时可以触摸到结石,肾盂积液。单侧输尿管结石时,排尿障碍不明显,症状表现也较轻。

③膀胱结石时,动物出现尿频,排尿疼痛,有时最后排出的尿液带血,排尿时呻吟,腹壁抽缩等症状。直肠检查时,膀胱敏感性增加,膀胱壁增厚,膀胱积尿较少时,可以触摸到结石。尿沉渣中有膀胱上皮细胞、红细胞、白细胞和各种无机盐类结晶物。

④尿道结石的患病动物,当不完全阻塞时,表现痛尿,排尿时间延长,尿液呈滴状或细线状排出,有时有血尿,血尿常在病畜剧烈运动或骚闹后明显;当完全阻塞时,表现尿闭或肾性腹痛,动物频频作排尿姿势但无尿液排出。尿道探诊,可以探到结石所在部位,尿道外触诊,疼痛明显,包皮长毛上往往有砂砾。直肠触诊,膀胱高度充满,闭尿时间过久,可以引起膀胱破裂。膀胱已经破裂的患病动物,直肠检查膀胱空虚或触摸不到膀胱,同时排尿动作停止,疼痛消失,精神沉郁,腹部下侧方迅速膨大,冲击式触诊有击水音,腹腔穿刺有大量黄色或黄红色带有尿味的液体,有时混有砂粒样物质。尿沉渣可见有红细胞、脓球及小结石等。

影像学诊断常可以确诊。

继发尿毒症时,病畜表现精神沉郁,厌食,呕吐,意识障碍,昏迷,机体脱水,呼吸困难,呼出气体有尿味。血液尿素氮和肌酐显著增高。

(5)鉴别诊断。应同尿路炎症、疝痛、尿路狭窄等疾病进行鉴别。

(6)结石成分分析。对于收集到结石的患病动物,可以运用化学方法分析结石成分,以利于治疗措施的选取。

(7)治疗。

①治疗原则为消除结石,控制感染,对症治疗。

②方法:缓解痉挛,增加饮水,调节饮食。可用阿托品、氯丙嗪等缓解痉挛,同时增加动物饮水,必要时可灌服,以利于结石排出。减少利于结石形成的饮食摄

入。中药排石，对于不完全阻塞，常用中药有金钱草、滑石、石苇、车前子、鸡内金、木通、瞿麦、海金沙、泽泻等，小动物如猫、犬等可以服用人用排石方剂。对于草酸盐结石，应用硫酸镁或硫酸阿托品内服，具有一定疗效。水冲洗法用于膀胱和尿道结石，导尿管消毒，可以先向尿道注入灭菌液状石蜡，然后注入消毒液体，反复冲洗。磷酸盐结石的动物，可以采用稀盐酸进行冲洗。手术治疗，对于完全阻塞，尤其是结石较大且在膀胱和尿道时，可以进行手术切开，将结石取出。对症治疗，有炎症的应进行适当抗菌消炎（避免使用磺胺类药物）；疼痛剧烈的要镇痛；对于膀胱破裂病例应及时根据情况进行手术治疗，防止尿毒症发生。

(8)讨论。

①动物有一定尿路结石症状而 X 线片无显示，如何解释？相反，X 线片显示尿路有结石存在，动物无尿路结石临床症状，如何解释？

②尿路结石治疗中，抗生素使用原则是怎样的？

(9)整理病例报告，提出具体治疗措施及住院医嘱，经教师审定后实施。

七、思考题

(1)尿路结石是如何形成的？

(2)尿路炎症与尿路结石之间的关系如何？

(3)尿石阻塞部位与临床症状的关系如何？

(4)如何分析尿常规？

(5)如何判断 X 线平片变化？

(6)如何预防尿路结石？

实验十一　畜禽铜中毒的诊断与治疗

一、实验目的与要求

(1)掌握畜禽急、慢性铜中毒的临床表现、病理剖解变化、诊断要点及治疗原则。

(2)熟悉各种畜禽正常的铜添加剂量及中毒剂量。

(3)掌握畜禽饲料及组织中铜测定的方法。

实验学时:6 学时。

二、畜禽急性铜中毒临床病例的诊疗(2 学时)

1. 实验材料准备

(1)畜禽铜中毒临床病例 2 例(最好是家畜铜急性中毒病例 1 例,家禽铜急性中毒 1 例)。

(2)临床检查器材。听诊器、体温计、消毒器、病理剖解器材。

(3)临床检验器材。Wintrobe 管、离心机、具塞三角烧瓶、电热板、坩埚、马福炉、原子吸收分光光度计。

(4)治疗器材及药品。三硫钼酸钠、0.2%～0.5%亚铁氰化钾、0.2%～0.5%依地酸钙钠、青霉胺、0.1%维生素 C、注射器、输液器。

2. 病史询问要点

(1)问诊。调查发病动物的品种、年龄、体貌特征、发病日期、环境条件。

(2)发病动物临床表现的调查。发病猪是否有食欲减退或废绝,流涎,呕吐,腹痛,腹泻,粪便呈青绿色或蓝色,恶臭,混有黏液,四肢无力,步态不稳;心率加快,痉挛等表现,是否发现死亡;发病牛、羊是否有食欲废绝,流涎,腹痛,鸣叫,严重腹泻,瘤胃鼓气,呼吸加快,甚至死亡等表现;发病鸡是否有腹泻,绝食,精神沉郁,肌肉麻痹,不愿走动,羽毛松散无光泽,张口呼吸,痉挛死亡等现象。

(3)发病原因的调查。重点要调查和了解畜禽饲料中铜的添加量有多少,绵羊、山羊发病应了解是否错用猪的高铜饲料作为精料使用,是否用硫酸铜驱虫时用量过大,精料中添加铜时是否混合均匀等;肉牛发病应了解是否在补充精料时错误地使用了乳猪高铜料;鹅和鸡发病应注意了解是否在防治鹅曲霉菌病和口腔炎时使用硫酸铜过量、补充铜过量或未混均匀等，对于鹅还应了解饲草是否受到了硫酸铜溶液的污染等。

(4)治疗及用药情况调查。对于畜禽发病情况的了解，还包括畜禽发病后是否经过治疗，若是经过了治疗还要问清用药情况、投药途径、疗效如何等。

3. 临床检查要点

(1)仔细检查发病畜禽的体温、呼吸频率及脉搏频率等临床三大指标，了解病情变化。

(2)发病畜禽一般临床表现的检查。包括精神状态的变化、表被状态、运动状态等内容，急性铜中毒的病例临床常有精神不振或沉郁等表现，毛羽粗乱，无光泽，四肢无力，步态不稳或运动障碍等表现，疾病后期还表现出痉挛、抽搐等。

(3)呼吸系统的临床检查。主要应注意发病畜禽是否表现有呼吸困难等现象。畜禽急性铜中毒一般发病急，病程短，不会引起明显的呼吸器官病变，但在中毒的后期，发生铜中毒的鸡和牛可以出现呼吸加快，甚至张口呼吸等现象。

(4)消化系统的临床检查。包括发病畜禽的食欲情况，是否有呕吐现象，胃肠蠕动机能及内容物的状态，动物排粪及粪便的性状、混有物等情况等。畜禽急性铜中毒主要损害消化器官，引起消化道黏膜充血、肿胀，甚至发生黏膜脱落等病理性改变，故而发病畜禽临床常表现出食欲减退或废绝，流口水，腹痛、腹泻，听诊肠音高朗，肠蠕动频率增加，粪便颜色异常，发病猪呈青绿色或蓝色，发病牛可出现血便，粪便呈黑色，还可继发瘤胃鼓气等现象。

(5)心脏的临床检查。检查的内容包括心音的强弱变化、心跳频率、心音的节律及有无心杂音等。临床中发现，急性铜中毒的畜禽心脏检查的异常变化主要为心动过速。

4. 临床剖解变化的观察

对发病死亡的畜禽应进行临床病理剖解观察，了解其内脏器官的病理变化。急性铜中毒的病理剖解变化，主要表现出消化器官黏膜充血、肿胀现象。如肉鸡会出现食道下部、胃黏膜及十二指肠黏膜充血，嗉囊黏膜有脱落现象；鹅则有腺胃及肠黏膜充血、出血，食管黏膜出血，肝、肾、肺及皮下出血，肾肿大；羊有真胃及十二指肠弥漫性出血，心包积液，有时可见有胸腔积液现象。

5. 临床检验

采取发病畜禽的饲料、饮水，按饲料中铜测定国家标准 GB/T 13885—1992 测定其中铜的含量，同时测定发病畜禽的红细胞压积(PCV)，对急性铜中毒的诊断有重要意义。据现有的资料报道，鸭饲料中铜含量每千克体重高于 1 050 mg 时即可引起急性铜中毒，绵羊、犊牛按每千克体重 20～110 mg，山羊按每千克体重 2.5 g 进行一次性静脉注射时，也可引起急性铜中毒，并且发病后出现红细胞比容明显下降的现象。

6. 治疗

可选用 0.2%～0.3% 的亚铁氰化钾溶液洗胃或内服，剂量为牛 500～1 000 mL，羊、猪 30～50 mL，禽类为 5～10 mL。同时用 0.2%～0.5% 的依地酸钙钠静脉注射，牛 500～1 000 mL，羊、猪 20～50 mL，禽类 2～10 mL。也可用青霉胺内服，牛 1.0～1.5 g，羊、猪 0.3 g，禽类 0.05～0.1 g。王宗元等报道(1990 年)用每千克体重 0.5 mg 钼换算成三硫铜酸钠一次静脉注射，对羊的急性铜中毒有较好的疗效。

三、畜禽慢性铜中毒临床病例的诊疗(4 学时)

1. 实验材料准备

(1)畜禽慢性铜中毒临床病例 2 例(最好是家畜铜慢性中毒病例 1 例，家禽铜慢性中毒 1 例)。

(2)临床检查器材。听诊器、体温计、消毒器、病理剖解器材。

(3)临床检验器材。具塞三角烧瓶、电热板、坩埚、马福炉、原子吸收分光光度计。

(4)治疗器材及药品。0.1% 亚铁氰化钾、青霉胺、注射器、输液器。

2. 病史调查要点

(1)问诊。调查发病动物的品种、年龄、体貌特征、发病日期。

(2)发病动物临床表现的调查。发病猪是否有生长迟缓，体重下降，精神沉郁，食欲减退或废绝，饮欲增加，喜卧懒动或行走摇晃，被毛逆立，无光泽，腹泻或呕吐等现象，是否发生死亡；发病牛、羊是否有嗜睡，饮食欲减退，反刍活动消失，呼吸困难，精神沉郁，不喜运动或卧地不起，消瘦，生产力下降等现象，是否发生死亡，发病羊是否还有腹泻，排黑色稀便、尿液呈暗红色或酱油色等现象；发病鹅是否有生长发育抑制，食欲废绝，精神委顿，卧地不起，跛行，排泄红褐色或灰褐色稀粪等现象，是否出现死亡等；发病鸭是否有生长发育缓慢，食欲下降，运动障碍，甚至突然死亡等现象；发病鸡是否有消瘦，精神委顿，低头垂翅，闭眼呆立，饮食废绝，排淡红色或墨绿色稀粪，产蛋率下降，死亡等现象。

(3)发病原因的调查。一是要调查发病畜禽的外环境是否属于高铜环境，如畜禽的生活环境中有矿山、铜冶炼厂、电镀厂等常造成局部高铜环境，引起畜禽慢性铜中毒；二是要了解畜禽饲料中铜添加量的多少，是否错用猪的高铜饲料作为精料补充给其他畜禽，精料中添加铜时是否混合均匀等，对于发病猪主要应了解是否有含铜添加剂同时重复添加使用的现象。

(4)治疗及用药情况调查。主要包括畜禽发病后是否经过治疗，若已经过治疗，则还要问清用药情况、投药途径、疗效如何等。

3.临床检查要点

(1)发病畜禽体温、呼吸频率、脉搏频率三大临床指标的检查。羊慢性铜中毒体温可达40.1℃，呼吸20～45次/min，脉搏120次/min左右；猪慢性铜中毒，多数病例体温正常，但个别有体温升高、呼吸、脉搏频率增数的现象；牛及禽类慢性铜中毒时，一般体温变化不明显，在疾病后期时可有体温、呼吸及脉搏的变化。

(2)一般临床表现的检查。包括发病畜禽的精神状态、表被状态、生长发育、运动情况等的检查。发生慢性铜中毒的畜禽，一般有精神沉郁、嗜睡，生长缓慢或消瘦，被毛粗乱、无光泽，皮肤苍白、贫血，后期有皮肤、可视黏膜黄染的现象，体表皮肤瘙痒，感觉过敏，运动不灵或障碍。

(3)呼吸系统的临床检查。主要应注意畜禽是否出现呼吸数增加，呼吸困难等现象。畜禽慢性铜中毒主要对肝、肾造成严重损害。但在疾病后期时，由于血液中红细胞大量破坏，肝、肾功能障碍，发病畜禽可表现出呼吸困难或气喘，牛、羊还可出现呼吸数增多，流浆液或黏液性鼻涕等现象。

(4)消化系统的临床检查要点。包括发病畜禽的饮食欲情况、反刍及嗳气状态，是否有呕吐现象，胃肠蠕动机能及内容物的状态，动物排粪及粪便的性状、混有物等情况。临床中畜禽慢性铜中毒，一般消化系统的临床表现比较典型，多有食欲减退或废绝，流涎，胃肠蠕动减弱，胃空虚，腹泻，粪便颜色呈黑色或红褐色。

(5)心脏的临床检查。主要注意检查心音的强弱、节律及心率的多少，此外还应听取发病畜禽的心脏在活动过程中是否有其他杂音出现等。如羊发生慢性铜中毒时，心音微弱，心率加快，听诊心脏有明显的缩期杂音；猪慢性铜中毒也可出现心率增加现象。

(6)泌尿系统的检查。应注意畜禽排尿及尿液的检查；由于慢性铜中毒对畜禽的肾脏损害较大，故而应对发病动物的肾进行检查。据报道，家畜发生慢性铜中毒时，可出现排血红蛋白尿现象，尿液颜色呈暗红色或酱油色。

4.病理剖解变化的观察

畜禽慢性铜中毒主要的病理变化发生在肝、肾等器官。发病家畜一般有肝脏肿大、发黄，出现坏死灶，肾肿大，呈黑褐色或淡蓝黑色，脾点状出血，心包积液，膀胱积尿，肠系膜黄染，血液稀薄，颜色为巧克力色等现象；病禽有腹腔积液，肌肉发白，肺充血、萎缩，嗉囊充血、出血，肝脏发黄、肿大，肠黏膜脱落，肾脏肿大，呈淡黄褐色等。

5. 临床检验

采取发病畜禽血液、死亡畜禽的肝、肾组织及采食剩下的饲料、饮水，按饲料中铜测定国家标准 GB/T 13885—1992 测定其中铜的含量，同时测定血液中谷草转氨酶、山梨醇脱氢酶等酶的活性，对慢性铜中毒的诊断有重要意义。据报道，如饲料中铜含量绵羊高于 25 mg/kg，牛高于 100 mg/kg，猪高于 250 mg/kg，鸡、鸭高于 300 mg/kg，鹅高于 100 mg/kg，就可出现慢性铜中毒；临床中发生慢性铜中毒的家畜，肝及肾组织铜水平均分别大于 500 mg/kg，80 mg/kg，血浆铜浓度有明显升高，谷草转氨酶、山梨醇脱氢酶等的活性也显著升高。

6. 治疗

宜选用 0.1％的亚铁氰化钾洗胃，内服活性炭、氧化镁各 10 g 以吸附和中和消化道内的铜离子；10％的硫代硫酸钠（依地酸钙钠或青霉胺）肌肉注射以解毒；5％葡萄糖液、6％的低分子右旋糖酐注射液、维生素 C 等进行静脉注射以提高血液渗透压，提高解毒机能；注射维生素 B_{12}、维生素 K 等以抗贫血和止血；此外，还应喂给发病动物以易于消化且含维生素丰富的饲料，停喂铜含量较高的饲料或饲草，并进行对症治疗。

四、实验步骤与讨论

（1）学生分组收集病例的发病史，自行对发病病例进行详细、系统的临床检查，并认真记录调查、检查所见。

（2）学生各组进行组内讨论，提出病例摘要，拟定临床实验检验指标或项目。

（3）各实习组向全班汇报病例摘要及拟进行临床实验检验的指标或项目，并在实习教师的指导下，进行采样，饲料、饮水、血液及内脏组织的前处理、消化、定容，最后用原子吸收分光光度计测定铜含量；同时在实验室内进行红细胞比容、血液中谷草转氨酶、山梨醇脱氢酶等的活性测定。

（4）病例的疾病诊断及治疗讨论。

①以讨论形式，各实验小组根据临床检查、实验室检验的结果提出病例的疾病诊断，并具体阐述疾病诊断的理由。

②各实验小组根据发病畜禽的具体情况，提出具体的治疗方法和措施。

（5）实验教师总结。

①对各实验小组工作的评价。

②本临床病例的诊断要点：提出疾病的诊断依据，阐明诊断理由。

③与本病症状相似疾病的鉴别：与钩端螺旋体病、产后血红蛋白尿病、细菌性血红蛋白尿病、犊牛水中毒、梨形虫及边虫病等疾病的鉴别。

④治疗要点：

a. 急性铜中毒：立即停喂高铜饲料、饲草或饮水，并进行洗胃、缓泻，用解毒药紧急解毒，对症治疗。

b. 慢性铜中毒：停喂高铜饲料、饲草或饮水，洗胃、缓泻，解毒药解毒，补充体液，纠正内环境酸碱平衡破坏状态，止血，同时对具体病例出现的其他症状进行对症治疗。

⑤开出本病例的兽医处方，并成立治疗小组，对发病畜禽在治疗期间进行妥善的医护。

五、思考题

(1)临床上如何正确鉴别畜禽的急性和慢性铜中毒？

(2)各种畜禽正常的铜添加剂量、对铜的最大耐受剂量分别是多少？

(3)临床中对畜禽慢性铜中毒、钩端螺旋体病、产后血红蛋白尿病、细菌性血红蛋白尿病、犊牛水中毒、梨形虫及边虫病等疾病如何进行鉴别诊断？

实验十二　畜禽硒中毒病理模型复制与诊疗

一、实验目的与要求

(1)掌握畜禽微量元素硒急性及慢性中毒的临床表现、诊断要点和治疗原则。

(2)熟悉各种畜禽正常生命活动过程对硒的需求量、生产中的正常添加剂量及各种畜禽硒中毒的剂量。

(3)掌握饲料、饮水及生物组织中硒含量的测定方法。

(4)建立硒是一种有毒的营养元素的概念。

实验学时:6 学时。

二、畜禽急性硒中毒病理模型复制及诊疗

1. 实验器材

(1)实验药品。1%的亚硒酸钠注射液、2,3-二氨基萘等。

(2)实验动物。雏鸡、雏鸭、仔猪或其他动物若干。

(3)临床检查器材。注射器、消毒器、电炉、天平、听诊器、体温计、病理剖解器材。

(4)临床检验器材。通风橱、温度可调式电热板、具塞三角烧瓶、往复式振荡器、荧光分光光度计。

2. 畜禽急性硒中毒病理模型的复制

本复制方法模拟生产中错误使用亚硒酸钠补硒浓度所造成的畜禽硒急性中毒的情形进行。补硒前,首先观察实验动物雏鸡、雏鸭及仔猪的精神、饮食欲、运动情况及大小便等活动,并作详细记录;然后实验组雏鸡、雏鸭用肌肉或皮下注射的方式一次性补给1%的亚硒酸钠0.2～0.5 mL,实验组仔猪用肌肉注射方式一次性补给1%的亚硒酸钠0.5～1 mL,其他动物参照文献报道的以0.1%亚硒酸钠注射补硒量进行注射补硒,所有的对照组动物均分别以相同的方式一次性注射相同剂量的注射用水(或双蒸水)。详细观察动物的临床表现。

3. 临床症状的观察要点

(1)体温、呼吸频率、脉搏频率的检查。畜禽急性硒中毒可引起体温、呼吸及脉

搏三大临床指标明显的变化，猪的急性硒中毒，初期体温升高达41.2～42.2℃，后期体温下降到36.5℃或36.5℃以下，心跳次数增多，可达120次/min，呼吸次数增加，表现呼吸困难；牛、羊急性硒中毒，体温多数正常，但个别病牛体温升高达41℃以上，多数病例脉搏频率增快，达95～120次/min，呼吸增数，达40～45次/min，甚至出现呼吸困难；禽类急性硒中毒可出现体温升高，呼吸、脉搏增数，张口呼吸，呼吸困难等。

(2)中毒畜禽一般临床表现的检查。包括精神变化、表被情况、运动状态等内容。猪急性硒中毒，精神沉郁或昏迷不醒，呆立、不愿行走，或共济失调，行走如醉，盲目运动，以头撞墙或作转圈运动。体表尤以耳缘及腹部皮肤呈紫红色，眼结膜及唇黏膜苍白，四肢末端发凉，后期卧地不起，角弓反张，痉挛、抽搐，四肢呈游泳状；牛、羊急性硒中毒，可出现精神沉郁，目光呆滞，结膜发绀，跛行，运动障碍，后期出现卧地呻吟，回头观腹呈“S”状弯曲，死前高声鸣叫，呻吟，角弓反张。禽类急性硒中毒，精神沉郁，昏睡，缩颈，两翅下垂，羽毛蓬松，呆立不动，中后期出现共济失调，行如酒醉，冠及肉髯发绀，后期出现低头、伸颈，俯卧于地，痉挛，抽搐，角弓反张，死亡等。

(3)中毒畜禽呼吸系统的临床检查。包括畜禽的呼吸方式、上呼吸道及胸肺部的检查等内容。猪急性硒中毒，可表现出呼吸急促而困难，口鼻流出白色或粉红色泡沫样分泌物，听诊肺部，呼吸音增强，有湿性啰音；中毒牛、羊有咳嗽、呼吸困难，呼吸幅度加深、频率增数(40～45次/min)，肺部听诊肺呼吸音粗历，出现大面积湿啰音，两鼻孔流泡沫样鼻液等现象；禽类急性硒中毒，有呼吸困难，张口呼吸，鼻流少量黏液等现象。

(4)中毒畜禽消化系统的检查。包括发病畜禽的饮食欲情况、反刍及嗳气状态，是否有呕吐现象，胃肠蠕动机能及内容物的状态，动物排粪及粪便的性状、混有物等情况。猪急性硒中毒，可表现食欲废绝，呕吐，流涎，腹泻，个别猪只出现腹肌紧张，触诊疼痛、敏感；牛、羊中毒可出现肚腹膨胀，顾腹，不吃草料，前胃蠕动力量减弱，肠音减弱或停止，排黑而臭的稀粪；禽类会出现腹泻，甚至排白色水样粪便，也有排黄绿色黏液性稀粪。

(5)中毒畜禽心脏及其他器官的检查。中毒牛、羊可出现心跳加快，心音减弱、含混不清等现象，其他畜禽同样也可出现心跳加快现象。

4.病理剖解变化的观察

主要观察急性中毒死亡畜禽各内脏器官的病理变化。中毒猪只可出现喉头黏膜出血，气管充血，内附白色泡沫样黏液，肺充血、水肿，心包点状出血，心包腔内积有淡黄色液体，肝淤血肿胀，个别病例出现肝严重脂肪变性，胆汁充盈，肾肿大、出血，包膜易剥离，肠管充血，胃出血，黏膜脱落；腹腔内有大量黄色渗出液，脑充血、水肿。牛、羊表现为心肌扩张、心肌出血，肝脏质地变脆，呈土黄色，胆囊肿大，充满胆汁，肺充血、气肿，气管、支气管内有大量白色泡沫状液体，肾肿大，被膜易剥离，脑充血，肠系膜充血、水肿，十二指肠充血、出血；禽类口腔和喉头出现血性泡沫，肝肿大、质地变脆，有局部坏死灶，胆囊肿大，胆汁充盈，肠道黏膜有散在的出血，尤以十二指肠为明显，肾肿大，心包液混浊，心室扩张，肺水肿、充血。

5.临床检验

采取发病畜禽的血液，死亡动物的肝、肾等组织，按照食品及生物样品中硒含量测定方法 GB/T 12399—1996 进行，大致过程为用硫酸＋高氯酸＋钼酸钠作为消化液，在电热板上，180～200℃消化至终点，加稳定液和 2,3-二氨基萘试剂，水浴煮沸 10 min，流水冷却，加环已烷萃取，于荧光分光光度计 520 nm 处比色，换算成样品中硒的含量。如血硒含量达 25.4～50.8 μmol/L，则可判定为硒中毒。

6.治疗

急性硒中毒，目前尚无有效的治疗方法，可试用 0.1％的砷酸钠生理盐水皮下注射，并及时进行洗胃，注射补充维生素 E、维生素 C 制剂，严重病例可静脉注射 10％的葡萄糖、维生素 C、维生素 B_1、ATP 等，并用抗生素防止继发感染。

三、畜禽亚急性硒中毒的诊疗

1.实验材料准备

(1)实验药品。亚硒酸钠、2,3-二氨基萘等。

(2)实验动物。雏鸡、雏鸭、仔猪或其他动物若干。

(3)临床检查器材。注射器、消毒器、电炉、天平、听诊器、体温计、病理剖解器材。

(4)临床检验器材。抽风橱、温度可调式电热板、具塞三角烧瓶、往复式振荡器、荧光分光光度计。

2.畜禽亚急性硒中毒病理模型的复制

补硒前，首先观察实验动物雏鸡、雏鸭、仔猪及其他实验动物的精神、饮食欲、运动情况及大小便等活动，并作详细记录；然后实验组雏鸡、雏鸭饲喂含硒为 80 mg/kg 的饲料，实验组仔猪饲喂含硒 30 mg/kg 的饲料，其他动物参照文献报道用含亚硒酸钠过高的饲料饲喂补硒，所有对照组动物均饲喂含硒低于 1 mg/kg 的饲料。用于饲喂实验组动物与对照组动物的饲料，除了硒含量不同外，其他营养成分的含量应一致。实验过程中,实验教师应从实习班中选择热爱临床、勤奋好学的学生组成饲喂观察小组,每天定时饲喂动物,并详细观察动物的临床表现,作下记录(从实验开始到动物出现硒慢性中毒需 1 周左右)。实验组出现症状后,再进行诊断、治疗等项目的实验。

3. 临床症状的观察要点

(1)中毒畜禽三大临床指标的观察。主要对发病畜禽的体温、呼吸频率、脉搏频率进行检查,以了解亚急性硒中毒对畜禽全身机能的影响。据目前的资料报道,牛、羊亚急性硒中毒时可出现呼吸和脉搏加快的现象。

(2)一般临床表现的检查。主要包括发病畜禽的精神状态、表被状态、生长发育、运动情况等的检查。猪亚急性硒中毒,可表现出消瘦,生长缓慢,精神不振,盲目游走、转圈,被毛粗乱、脱落,可视黏膜颜色发白;牛、羊可出现精神沉郁,头低耳耷,反应迟钝,中期可出现步态不稳,运动困难,视力丧失,流眼泪,体重减轻,毛粗易掉,后期出现盲目运动,冲墙闯壁,倒地,昏迷,抽搐,死亡;禽类有精神沉郁,生长缓慢,全身衰竭,抽搐,死亡等现象出现。

(3)中毒畜禽呼吸系统的临床检查。应注意畜禽的呼吸方式、上呼吸道及胸肺部等内容的检查。牛、羊亚急性硒中毒,前期仅可见轻度的呼吸数增加,呼吸浅表,中期及后期则可出现呼吸困难,呼吸音粗历,常伴有湿性啰音,部分出现咳嗽,流鼻涕;可表现出呼吸急促而困难,口鼻流出白色或粉红色泡沫样分泌物,听诊肺部,呼吸音增强,有湿性啰音;猪和禽类等动物发生亚急性硒中毒,临床也可出现呼吸数增多、呼吸急促、困难等现象。

(4)中毒畜禽消化系统的检查。包括发病畜禽的饮食欲情况、反刍及嗳气状态,是否有呕吐现象,胃肠蠕动机能及内容物的状态,动物排粪及粪便的性状、混有物等情况等。猪亚急性硒中毒,可表现食欲渐进减少,甚至废绝,流涎,腹痛等现象;牛、羊中毒可出现食欲减少,直至废绝,吞咽障碍,肚腹膨胀,回头顾腹,胃肠蠕动减弱;禽类会出现食欲不振,腹泻,甚至排白色水样粪便。

(5)中毒畜禽心脏及其他器官的检查。畜禽亚急性硒中毒,一般可出现心跳加快,疾病中后期心音多减弱。

4. 病理解剖的观察

重点要了解动物的肝、脾及肾等器官的眼观病理变化。动物亚急性硒中毒时,主要以肝、脾受到的损害较严重,通常会出现肝萎缩、灶状坏死,甚至硬变。中毒猪还可出现心包少量积液,肝呈浅棕黄色,有少量灰白色坏死灶,肾微肿、色浅,胃肠黏膜轻度充血,淋巴结肿大;牛、羊则还可出现肝肿大、出血,呈棕褐或土黄色,胆囊肿大，肾脏充血，心包液增多，心肌充血、出血，肺充血、出血，部分肺可见"大理石样外观，气管和支气管充满白色泡沫状液体，脾肿大、出血，肠系膜淋巴结肿大，脑膜充血，小肠黏膜局部严重充血、出血和水肿等现象；禽类会出现心包积液，肝脏、肾脏肿大、充血和出血，肺出血和脑充血等现象。

5. 临床检验

可采取发病畜禽的血液，死亡动物的肝、肾等组织，按照食品及生物样品中硒含量测定方法 GB/T 12399—1996 进行，测定的大致过程如本实验标题二中的5"临床检验"所述。据报道，正常健康畜禽的血、肝、肾等组织中硒含量，牛血液 0.08 μmol/L，肝 0.24 mg/kg，肾 1.08 mg/kg；羊血液 0.111 μmol/L，肝 0.661 mg/kg，肾 4.002 mg/kg；猪血液 0.026 7 μmol/L，肝 1.82 mg/kg，肾 11.74 mg/kg；鸡肝 1.76 mg/kg，肾 1.7 mg/kg。据李国勤等(1994 年)报道，当山羊血硒含量超过 0.60 μg/mL 时，即可诊断为山羊硒中毒，也有人认为当动物血硒含量达 25.4～50.8 μmol/L，就可判定为硒中毒。

6. 治疗

亚急性硒中毒，可用含砷为 5 mg/kg 的亚砷酸钠水溶液进行内服，以结合肝中的硒，减轻硒的毒性，促进硒的排除，也可采取皮下注射 0.1% 的砷酸钠生理盐水进行解毒，也有人报道用"九一四"来治疗亚急性硒中毒，龙进学报道畜禽亚急性中毒还可用硫制剂(如硫酸钠注射制剂等)来治疗，或用肌肉注射二巯基丙醇(2.50～5.00 mL/kg，每隔 4 h 注射 1 次)。生产中人们注射或饲喂维生素 E，有利于硒的排除。同时应立即更换饲料，并对并发或继发症进行积极治疗，这样可收到比较满意的效果。

四、实验步骤与讨论

(1)学生分组进行病例复制，待病例复制成功畜禽出现症状后，各实验组学生自行对发病病例进行详细、系统的临床检查，并认真记录检查所见。

(2)学生各组进行组内讨论，提出病例摘要，拟定临床实验检验指标或项目。

(3)各实习组向全班汇报病例摘要及拟进行临床实验检验的指标或项目，并在实习教师的指导下，进行采样，血液及内脏组织的前处理、消化、萃取，最后上荧光分光光度计测定硒含量，以验证病例复制成果。

(4)病例的疾病诊断及治疗讨论。

①以讨论形式，各实验小组根据临床检查、实验室检验的结果提出病例复制是否成功，并阐述理由。

②各实验小组根据发病畜禽的具体情况，提出具体的治疗方法和措施。

(5)实验教师总结。

①对各实验小组工作的评价。

②本病例复制及疾病认识的要点：硒添加剂量或注射的准确把握，急性中毒病程短，以神经症状、突发死亡为特征，亚急性中毒发病较慢，主要表现出瞎撞病等。

③与本病症状相似疾病的鉴别：与亚急性铅中毒、某些脑病（如脑炎、脑水肿、脑寄生虫等）等疾病的鉴别。

④治疗要点讨论。

⑤开出本病例的兽医处方，并成立治疗小组，对出现亚急性硒中毒的畜禽在治疗期间进行妥善的医护。

五、思考题

(1)畜禽急性、亚急性及慢性硒中毒时，其临床表现及病理剖解变化有何区别？

(2)常见畜禽正常生长过程中对硒的需求量、生产中的正常添加剂量及各种畜禽硒中毒的剂量各是多少？

(3)畜禽饲料、饮水及生物组织中硒含量的测定方法是什么？测定时应注意哪些问题？

(4)临床中如何鉴别畜禽急性、亚急性硒中毒、亚急性铅中毒和脑病（脑炎、脑水肿、脑寄生虫）？

实验十三 动物缺硒病理模型复制与诊疗

一、实验目的与要求

(1)掌握动物缺硒病的临床表现、诊断要点和治疗原则。

(2)掌握动物缺硒病的剖检变化特点。

(3)熟悉动物缺硒病的发病机理和硒的实验室检测方法。

(4)熟悉动物缺硒病病理模型复制方法。

实验学时:3 学时。

二、实验材料准备

1. 实验动物

1 日龄雏鸡或 30 日龄左右的仔猪,要求没有进行过预防性补硒。

2. 低硒日粮

(1)雏鸡低硒日粮组成。见表 13-1。

表 13-1 雏鸡低硒饲料配方 %

成分	含量	成分	含量
玉米	67	加碘食盐	0.3
豆饼	29.7	蛋氨酸	0.1
磷酸氢钙	1.6	微量元素	注(1)
石粉	1.3	多种维生素	注(2)

注:(1)微量元素(mg/kg 日粮):硫酸铜 20;硫酸铁 100;硫酸锰 150;硫酸锌 100。河北宝利药业有限公司出品。

(2)多种维生素(200 mg/kg 日粮):内含维生素 A、维生素 D、维生素 E、维生素 K、维生素 B、泛酸、烟酸等,每克多维含维生素 E 20 mg。另添加胆碱 1.2 g/kg 日粮。

(3)饲料原料中玉米、豆饼硒含量分别低于 0.02 mg/kg 和 0.02 mg/kg,总硒含量应低于 0.05 mg/kg 日粮。

(2)仔猪低硒日粮组成。见表 13-2。

表 13-2　仔猪低硒饲料配方　%

成分	含量	成分	含量
玉米	64	食盐	0.3
豆饼	30	磷酸氢钙	1.9
小麦粉	3.3	添加剂	0.5

注:添加剂含微量元素(mg/kg 日粮):铁 78.0、锌 78.0、锰 30.0、铜 4.9、碘 0.14,多种维生素(200 mg/kg 日粮),内含维生素 A、维生素 D、维生素 E、维生素 K、维生素 B、泛酸、烟酸等,基础日粮中总硒含量应低于 0.05 mg/kg 日粮。

3.仪器

常规剖检器材和临床检查器材,荧光分光光度计或原子吸收分光光度计等。

4.病理模型复制

1 日龄雏鸡饲喂低硒日粮,常规饲养,定期进行免疫,每日观察雏鸡的临床表现,一般在 20～40 日龄时即可成功复制出临床病例。

25～30 日龄仔猪,驱虫、注射猪瘟疫苗,经 7 d 预实验后,饲喂低硒日粮,常规饲养,定期免疫,一般约 20 d 后病理模型即可成功复制。

三、病史询问要点

(1)动物的品种、年龄,是自繁自养的还是购进的,购进时间和地点,平时的饲养管理情况如饲料的种类、品质,环境状况等。

(2)防疫情况,是否进行了防疫,注射过什么疫苗,疫苗的产地、批号、保存和运输情况,使用方法等。

(3)发病情况,发病时间,起病的缓急,是否有突然死亡的病畜(禽),死亡的病畜(禽)个体发育情况,是否同群中发育较好的,发病率和病死率及可能的发病原因。

(4)病畜(禽)的临床表现,精神状态,是否发热及热型,是否有呼吸困难及形式和程度,是否咳嗽及其性质,皮肤黏膜的颜色及是否有体表病变;消化系统症状如饮食欲、粪便的性状等如何,是否呕吐等;尿量及尿的颜色;是否有神经症状,发病后病情的变化,是否有跛行等。

(5)发病后是否进行治疗,治疗的具体方案,治疗后症状是否减轻或出现新的症状。

(6)既往发病情况,过去是否发生过类似疾病。

四、体格检查要点

(1)测量体温、脉搏、呼吸,体温是否正常,脉搏、呼吸是否加快。

(2)整体状态,主要检查患病动物的体格、营养、发育状况,患畜(禽)的精神状态,运动状况,是否有神经症状、跛行等。

(3)表被状态和皮下组织的检查,重点检查皮下和可视黏膜的颜色,是否有渗出等,有无发绀。猪下颌、眼周围是否有水肿等。

(4)心脏大小、心尖搏动强度、心率、节律、杂音、奔马律、心包摩擦音等。

(5)胸腹部检查。胸廓形状、腹围的大小,叩诊音异常(胸部是否有浊音、实音、鼓音,腹部是否有击水音等),腹部触诊是否有震荡感,胸部听诊是否有病理性呼吸音,注意异常体征、位置和范围;是否有腹泻,粪便的形状、性质、有无混杂物等。

五、剖检检查要点

(1)注意观察体表状态,是否有水肿、腹围的变化、皮肤黏膜的颜色等。

(2)皮下脂肪的状态、肌肉的颜色和体表淋巴结的性状,腹腔是否有积液及其颜色如何。

(3)心肌、胃黏膜、禽类肌胃的病理剖检变化,是否有坏死、溃疡等。

(4)肝脏是否有变性、坏死,胰腺是否变薄、变窄、变硬(纤维化)。

六、临床检验

(1)血常规检验。

(2)病料、组织样和血液硒含量的检测(表13-3)。

表13-3　正常硒含量检测值

项目	土壤		饲料/(mg/kg)	血液/(μmol/L)/(μg/mL)	肌肉/(mg/kg)	肝脏/(mg/kg)	乳/(μmol/L)/(μg/mL)	羽或毛/(mg/kg)
	总硒/(mg/kg)	可溶性硒/(μmol/L)						
正常值	0.5～5.0	0.08	0.1～1.0	0.76～1.27 0.06～0.1	0.7	4.0	0.25～0.64 0.02～0.05	1.0～4.0
缺乏值	<0.05	<0.009	<0.05	<0.64 <0.05	<0.02	<0.04	<0.13 <0.01	<0.25

七、实验步骤与讨论

(1)学生分组采集病例病史、体格检查,对死亡的病畜(禽)进行剖检。

(2)请学生报告病例摘要并提出必要的辅助检查项目,说明每项检查的目的,由老师提供相应检查项目的结果(血常规、血液生化指标等)。

(3)学生概括本病病因和临床特征。

(4)由老师结合病例的实际情况以提问的方式引导学生讨论。

①本病例的临床诊断。诊断要点及不支持点。

②本病的鉴别诊断。首先应与其他原因所致猝死症相鉴别,如农药中毒、心力衰竭、中暑等;其次应与其他有腹泻症状的疾病相鉴别,如普通性胃肠炎、病毒性胃肠炎、细菌性胃肠炎、寄生虫性胃肠炎等;再次应与跛行性疾病进行鉴别诊断,如风湿、肌病、关节疾病及运动神经损害等;最后,与伴有渗出性素质性疾病相鉴别。

③治疗讨论。缺硒病的治疗方法:重点为缺硒病的预防措施,如饲料添加硒、肌肉注射或饮水以及大家畜缓释剂的应用和饲料作物的施硒肥等。

八、思考题

(1)畜禽缺硒病的临床特征和剖检特征有哪些?

(2)自由基在畜禽缺硒病发病过程中的作用机制是什么?

(3)畜禽缺硒病的病料如何采集?

(4)如何鉴别渗出液与漏出液?

附　硒的测定方法

一、生物样品中硒的测定(荧光法)

参照 GB/T 13883—2008 饲料中硒的测定方法。

1. 试剂

(1)硒标准溶液。称取亚硒酸 0.163 4 g,溶于 1 L 去离子水中,作为储备液,

每毫升含 Se^{4+} 100 μg。应用时稀释成每毫升含 Se^{4+} 0.1 μg。

(2)DAN 试剂。称取 2,3-二氨基萘(DAN) 0.100 g 于 150 mL 烧杯中,加入 0.1 mol/L 盐酸溶液 100 mL,转移到 250 mL 分液漏斗中,加入 20 mL 环己烷震荡,水相重复用环己烷处理 2～3 次。水相放入棕色瓶中上面加盖 3 mm 厚的环己烷,于暗处保存,冰箱中保存可使用数天。

(3)环己烷。重蒸馏后再用。

(4)稳定液。0.2 mol/L EDTA 二钠盐和 5%盐酸羟胺溶液。

(5)混合酸。硫酸(加氢溴酸除硒)、过氯酸铵 3∶4 比例混合。

(6)钼酸钠溶液。称取钼酸钠 10 g,溶于 150 mL 去离子水中。

(7)1∶1(V/V)氢氧化铵溶液。

(8)荧光红钠溶液。取荧光红钠 50 mg,溶于 1 000 mL 蒸馏水中作为储备液(50 μg/mL)。取此液 10 mL 稀释至 500 mL 作为参考标准液(1 μg/mL)。

2. 操作

(1)样品处理。

①血样:取 1%草酸钾溶液 0.1 mL,10%苯甲酸钠溶液 0.2 mL 于带玻璃塞的试管中,烤干备用。采静脉血 0.5～5 mL 于试管中,塞紧塞后置于冰箱中保存。

②尿样:加防腐剂后在冰箱中保存。

③毛样:将毛样在 1%洗衣粉溶液中浸洗 2～3 次,再用热水及自来水各洗 3 次,最后用蒸馏水洗涤 3 次,置 60℃烤箱中干燥,装塑料袋中保存。

(2)消化。称取含硒量为 0.05～0.5 μg 的样品放入三角瓶内,加钼酸钠溶液 3 mL,混合酸 7～15 mL(此量可供毛样 0.2～1.5 g、尿样 1～20 mL、血样 0.5～5 mL 消化之用)。将三角烧瓶置 160～170℃砂浴上消解,至消解液为淡黄色微带绿色为止。冷却后消解液变为无色,沿瓶周围加入 20 mL 去离子水,摇匀后再加入 0.2 mol/L EDTA 溶液 2 mL,混匀。

(3)萃取及测定。将上述溶液用氨水或盐酸调节 pH 至 1.5～2.0,加盐酸羟胺 2 mL,放置 5 min,移至暗处加入 DAN 试剂 4 mL,混匀置沸水浴中 5 min,冷水中冷却,加环己烷 6 mL,放振荡器振摇 4 min。将全部溶液移入分液漏斗,分层后放掉下层水溶液,将环己烷盛入离心管中,加塞,离心 2 min(1 500 r/min)。倾出环己烷,用荧光分光光度计测定苤硒脑的荧光强度(激发光波长 376 nm,发射光波长 540 nm)。

每次测定应同时作试剂空白和硒标准,操作自消化开始,与样品相同。

3. 计算

每克样品中硒含量＝硒标准含量(μg)÷(标准硒荧光－空白荧光)×(样品荧光－空白荧光)÷样品重量(g)。

二、全血硒测定(非火焰原子吸收分光光度法)

1. 试剂

(1)硝酸(优级)。

(2)过氯酸(70%)。

(3)甲苯(无噻吩)。

(4)EDTA-羟胺溶液。取 EDTA 5 g 溶于 1∶1(*V*/*V*)氢氧化铵溶液 20 mL 中,另取盐酸羟胺 15 g 溶于去离子水 100 mL 中,混合二液,并以去离子水稀释到 250 mL。

(5)甲酚纤溶液。取甲酚红 40 mg 溶于 1.1 mol/L 氢氧化钠液 100 mL 中,贮于经酸洗过的塑料瓶中。

(6)0.013 mol/L 2,3-二氨基萘溶液。取 2,3-二氨基萘 0.1 g 溶于 1 mol/L 盐酸 5～10 mL 中,以去离子水稀释至 50 mL。临用前现配。

(7)血基硒标准液。浓度为 0,100,200,300 及 400 μg/L。加适量 10 mg/L 标准硒于肝素全血中,并以全血稀释至 50 mL,分装,贮存于聚丙烯管中,－20℃保存。此标准液至少 2 个月内稳定。

2. 操作

(1)消化。取用肝素抗凝的全血、血基标准液各 1 mL,分别放入 20 mL 硼硅闪烁管中,加直径为 5 mm 玻璃珠 2 粒、硝酸 2 mL、过氯酸 1 mL 及苯 0.2 mL(防止消化时产生气泡)。将管放在加热板上,加热至 70～80℃。消化至无红烟逸出并产生白色过氯酸烟为止。此时溶液呈淡黄色。溶液的液面应在玻璃珠高度一半。全部消化时间为 3～4 h。

(2)预提取准备。消化液冷却后,加 3 mol/L 盐酸,加热至 60℃,20 min,冰浴上冷却,并加 EDTA-羟胺溶液 2 mL、甲酚红溶液 4 滴,滴加 7.5 mol/L 氢氧化铵溶液调 pH 至 1～2,混匀,溶液呈黄色,最后滴加 2.0 mol/L 盐酸至溶液呈淡橙色。轻轻将溶液倒至 16 mm×125 mm 螺旋培养管中。

(3)络合及提取。加 2,3-二氨基萘溶液 1 mL 至消化液中,混匀,在水浴中加热至50℃，保持30 min，取出冷至室温，加甲苯1 mL，强烈混合1 min，3 000 r/min离心5 min。

(4)分析。取0.1%硝酸铜溶液20 μL及上层提取液20 μL，加于原子吸收分光光度计的石墨炉中，按下述条件分析硒：波长196.0 nm，狭缝0.7 nm，背景校正AA-BG，干燥125℃，灰化800℃，原子化2 700℃，氮气流20 mL/min。

(5)作标准曲线。利用血基标准，按添加的硒量测定样品的吸收值，作图。硒量在100～300 μg/L范围内，平均回收率为99.9%。

实验十四 常见毒物定性检验——亚硝酸盐、氢氰酸、敌鼠钠、毒鼠强

一、实验目的与要求

(1)通过本实验使学生了解毒物定性检验的基本原理、毒物的性质。

(2)熟练掌握毒物的检测方法,并熟悉和掌握实验仪器设备的准备,实验操作和书写实验报告。

(3)要求学生懂得运用定性检测结果,结合临床、综合分析,对动物中毒作出较为确切的判定。

(4)要求学生会书写实验报告。

实验学时:3 学时。

二、实验项目、方法与步骤

(一)亚硝酸盐检验

动物亚硝酸盐中毒,多数是采食亚硝酸盐含量很高的饲料而发生。而亚硝酸盐主要来源于含硝酸盐很高的青饲料,在一定温度和反硝化菌的作用下,青饲料中的硝酸盐易转化为毒性很强的亚硝酸盐。据肖学成(1980 年)实验,将亚硝酸盐 4 mg/kg,硝酸盐 2 571.8 mg/kg 的新鲜白菜,切碎置于 10℃气温下,自然风干腐烂,每天检测一次亚硝酸盐和硝酸盐的含量。结果表明,在 2～3 d 内亚硝酸盐的含量略有增加(8～10 mg/kg),而从第 4 天开始,亚硝酸盐急剧上升至 190 mg/kg,第 7 天达到最高(2 609 mg/kg),将此称为“亚硝峰”,而硝酸盐在第 7 天下降至 770 mg/kg。将这种切碎的新鲜白菜置于 37℃保温时,第 2 天亚硝酸盐的含量急剧上升达最高值(504 mg/kg),出现“亚硝峰”。青饲料在锅里微火慢煮时,经反硝化菌作用,亚硝酸盐转化最快、最多。亚硝酸盐对猪的最小致死量为每千克体重 70～75 mg,对牛的最小致死量为每千克体重 88～110 mg,对羊的最小致死量为每千克体重 40～50 mg。

1. 联苯胺-冰醋酸法

(1)原理。亚硝酸盐在酸性溶液中将联苯胺重氮化成一种醌式化合物而呈现

棕红色。

(2)试剂。联苯胺-冰醋酸试剂准确称取 0.1 g 联苯胺，溶于 10 mL 冰乙酸中，加水稀释至 100 mL，过滤制成。

(3)操作方法。取碾碎的饲料样或切碎的青饲料，或取可疑的剩余饲料、呕吐物或胃内容物 5～10 g，置于 100 mL 带塞三角瓶中，加 70℃热水 30～50 mL，放置 10～15 min，过滤液作待检液。

取检液 2 滴，置白瓷板上或小试管中，加 1 滴联苯胺-冰乙酸试剂，如有亚硝酸盐存在，出现红棕色。同时作阳性（亚硝酸空白）或阴性对照实验。

2. 安替比林法

(1)原理。亚硝酸盐在酸性条件下，使安替比林亚硝基化，溶液呈绿色。

(2)试剂。安替比林试剂：5 g 安替比林溶于 100 mL 2 mol/L 硫酸（30 mL 浓硫酸缓慢进入适量蒸馏水中，冷却至室温，并稀释至 100 mL）中。

(3)操作方法。取检液 1 滴，置于白瓷板上，滴加 1 滴安替比林试剂，若出现绿色，表示有亚硝酸盐存在。

由于微量亚硝酸盐在自然界广泛存在，加之定性检验方法显色的灵敏度高，因此，在必要的情况应进行定量检验，方可判定亚硝酸盐中毒。

3. α-萘胺法

(1)原理。在微酸性条件下，亚硝酸盐与对氨基苯磺酸作用生成重氮化合物，再与 α-萘胺偶合生成紫黄色偶氮染料。颜色深浅度与亚硝酸盐含量成正比。

(2)仪器与试剂。

①仪器：721 分光光度计及比色管。

②试剂：

a. 盐酸 α-萘胺溶液：取盐酸 α-萘胺 0.2 g，加蒸馏水 20 mL，微温溶解，再稀释至 100 mL，贮存在棕色试剂瓶中，若溶液中有颜色可加入少量活性炭脱色。

b. 对氨基苯磺酸溶液：取 0.5 g 对氨基苯磺酸溶于 150 mL 12％的醋酸液中，贮存于棕色试剂瓶中。如溶液有颜色，可加入活性炭脱色。

c. 亚硝酸钠标准液：准确移取 0.149 5 g 亚硝酸钠溶于蒸馏水中，并稀释至 100 mL。此液每毫升相当于 1 mg 亚硝酸盐。临用时精确吸取 1.00 mL，加水稀释至 100 mL。此液每毫升相当于 0.01 mg 亚硝酸盐。

d. 醋酸钠缓冲液：取 16.4 g 醋酸钠，溶于 100 mL 蒸馏水中。

(3)操作方法。

①取检样 5～10 g 置于带塞三角烧瓶中，加 70℃左右热水萃取，滤液定容至 100 mL。

②吸取定容的滤液 10 mL 于 25 mL 比色管中，加水至刻度。

③另取 25 mL 比色管 7 只，依次加入 0，0.002，0.005，0.010，0.015，0.020，0.025 mg 亚硝酸盐，加水稀释至 25 mL 刻度。

④于标准管和待测样品管中分别加入 0.05 mL 醋酸钠缓冲液，对氨基苯磺酸液 1 mL，盐酸 α-萘胺液 1 mL，摇匀，放置 10 min 后，以零管作参比，用比色皿，于 525 nm 波长处测定标准和待测样品的吸光度。在计算机上用 Excel 作标准曲线方程，再将待测样吸光度代入求出结果。

(二)氢氰酸的检验

氢氰酸是含氰苷配糖体植物或青饲料在动物胃内由于酶的水解和胃液盐酸作用，产生的游离氢氰酸，此外，由于氢氰酸广泛用于工业生产，因而在生产实践过程中排出的废水存在氢氰酸。植物或青饲料中一般不含游离氢氰酸。

氢氰酸对牛、羊最小致死量为 2 mg/kg，每千克植物干物质中含 200 mg 氢氰酸，即可引起动物中毒。有些生氰糖苷植物含氢氰酸量可达 600 mg/kg。

1. 苦味酸试纸法

(1)原理。游离氢氰酸在酸性条件下遇碳酸钠则生成氰化钠，再遇苦味酸即生成异性紫酸钠，呈玫瑰红色。反应式如下：

$$2HCN + Na_2CO_3 \longrightarrow 2NaCN + H_2O + CO_2$$

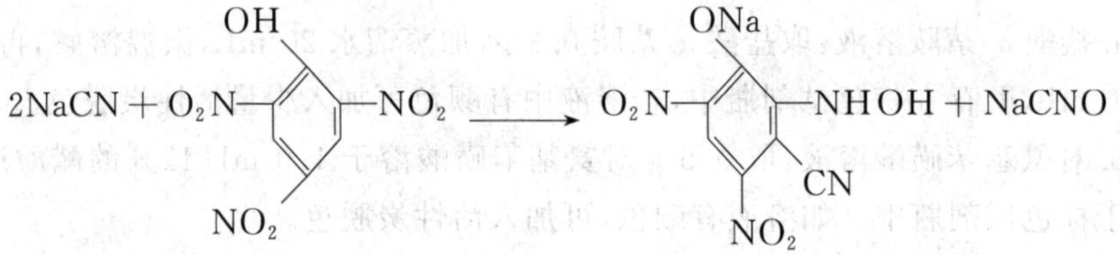

(2)试剂。

①1%苦味酸液；②10%酒石酸溶液；③10%碳酸钠液。

(3)操作方法。

①称取待测样品 10 g 置于 150 mL 锥形瓶中，加蒸馏水 20～30 mL，将样品浸没。

②制备苦味酸试纸：将滤纸浸泡在 1%苦味酸溶液中，取出在室温下阴干。剪成

50 mm×8 mm 的纸条备用。临用时再滴加 10%碳酸钠液使之湿润。

③在锥形瓶中加入 10%酒石酸溶液 5 mL,使之呈酸性。立即将苦味酸试纸夹于瓶口与瓶塞之间,使试纸条悬垂于瓶中(勿接触瓶壁及溶液)。

④置于 40~50℃水溶液上加热 30 min,如有氢氰酸存在,少量时试纸呈橙红色,量多时呈红色。

本反应非氢氰酸特有反应,有一些干扰,因此,如结果为阴性,说明没有氢氰酸,如为阳性,则需进行确证实验。

2. 普鲁士蓝法

(1)原理。氰离子在碱性溶液中与铁离子作用,生成亚铁氰化合物,进一步与三氯化铁作用,生成蓝色的普鲁士蓝化合物沉淀。其反应方程式如下:

$$HCN + NaOH \longrightarrow NaCN + H_2O$$

$$2NaCN + FeSO_4 \longrightarrow Na_2SO_4 + Fe(CN)_2$$

$$Fe(CN)_2 + 4NaCN \longrightarrow Na_4Fe(CN)_6$$

$$3Na_4Fe(CN)_6 + 4FeCl_3 \longrightarrow 12NaCl + Fe_4[Fe(CN)_6]_3\downarrow$$

(2)试剂。

①10%氢氧化钠溶液;②10%硫酸亚铁溶液(临用时配制);③5%三氯化铁溶液;④10%稀盐酸溶液。

(3)操作方法。取待检样 30 g 置于蒸馏瓶(图 14-1)中,加水使呈糊状,加酒石酸使成酸性,然后进行水汽蒸馏,冷凝管末端与接液管相连,接液管一端插入装有 10 mL 10%氢氧化钠的小三角瓶中,收集馏液 20~30 mL 作待检液。

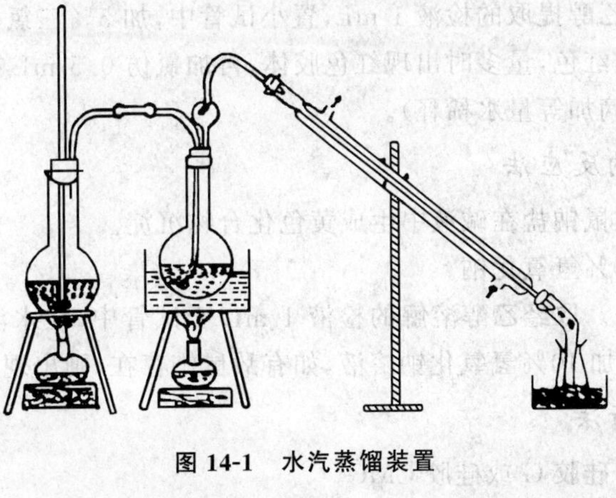

图 14-1　水汽蒸馏装置

取蒸馏液 2～3 mL,加新配制的硫酸亚铁 2～3 滴,三氯化铁 1～2 滴,摇匀微温,然后加盐酸使呈酸性。氢氰酸含量多时,出现普鲁士蓝沉淀。如含量少时则出现蓝绿色或绿色。

(三)敌鼠钠盐的检验

敌鼠钠 diphacinone sodium,又名双苯杀鼠酮(diphenylmurone),其结构式为:

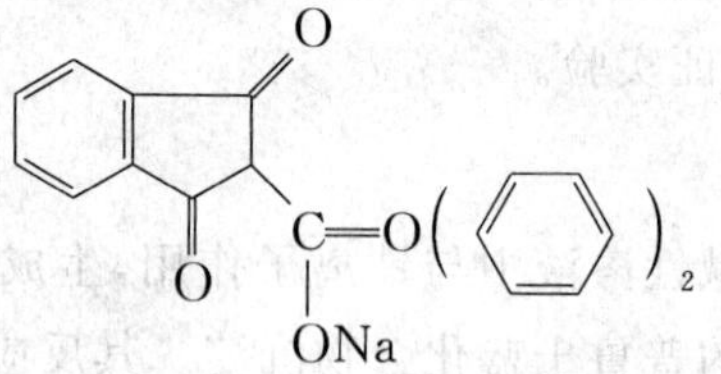

它是一种抗凝血毒鼠药,产品为黄色无臭结晶,熔点 145℃,微溶于乙醇、丙酮、热水、苯和氯仿。性质稳定,是敌鼠与碱液作用生成的盐。它的毒性比敌鼠大 3 倍。对多种动物的 LD_{50} 为:小白鼠 78.5 mg/kg,猫 2.5 mg/kg,犬 2.5 mg/kg,猪 83.2 mg/kg。

1. 三氯化铁反应法

(1)原理。敌鼠钠与三氯化铁作用,生成红色化合物沉淀。

(2)试剂。5%三氯化铁。

(3)操作方法。取可疑饲料、胃内容物、呕吐物,加 95%乙醇,于 60℃水溶液上浸泡 1～2 h,过滤。滤液继续在水溶液上蒸干,再加乙醇溶解,加活性炭脱色,过滤,挥发浓缩至 5 mL 左右供检验。

取经上述用乙醇提取的检液 1 mL,置小试管中,加 5%三氯化铁液 2 滴,若有敌鼠钠存在,呈血红色,量多时出现红色胶体,再加氯仿 0.5 mL 振摇,氯仿层呈红色(如分层不清,滴加等量水稀释)。

2. 氢氧化钠反应法

(1)原理。敌鼠钠盐在碱液中生成黄色化合物沉淀。

(2)试剂。10%氢氧化钠。

(3)操作方法。取经乙醇溶解的检液 1 mL 于试管中,在水溶液上蒸干,加蒸馏水 1 mL 溶解,加 10%氢氧化钠溶液,如有敌鼠钠存在,则出现黄色沉淀。

3. 薄层层析法

(1)吸附剂。硅胶 G 或硅胶 CMC。

(2)展开剂。

①氯仿：醋酸乙酯：乙醇＝4：2：1，R_f 值＝0.56；

②四氯化碳：丙酮＝1：1，R_f 值＝0.88；

③四氯化碳：乙醇＝2：1，R_f 值＝0.67；

④正己烷：甲烷：甲醛＝5：5：0.2，R_f 值＝0.75。

(3)显色。

①在 365～366 nm 波长紫外灯下观察，斑点显红色。

②喷 1%三氯化铁乙醇溶液，斑点显红色。

(四)毒鼠强检验

毒鼠强(tetramine)，又名 424、鼠没命、三步倒、特效灭鼠灵、闻到死、鼠克星等，名称四亚甲基二砜四胺，或称四二四，分子式为 $C_4H_8O_4N_4S_2$，相对分子质量 240.3，毒鼠强呈白色轻质粉末，熔点 250～254℃。在水中溶解度约 0.25 mg/mL；微溶于丙酮，不溶于甲醇和乙醇。由于其化学结构为环状，所以化学性质稳定。

哺乳动物口服毒鼠强 LD_{50} 为 0.10 mg/kg。大鼠 0.1～0.3 mg/kg。小鼠 MLD 为 0.2 mg/kg，皮下注射 MLD 为 0.1 mg/kg，是一种神经毒性灭鼠药。

检样处理：取可疑剩余饲料、呕吐物、胃内容物 10 g，少量多次加无水硫酸钠共研成干砂状，移入具塞三角瓶中，加苯或丙酮 20 mL/次，置康氏振荡器上振荡，2 次分别为 30 min 和 15 min，合并 2 次提取的滤液，过净化柱(填料自下而上依次为 2 g 无水硫酸钠、15～20 g 中性氧化铝，20 g 无水硫酸钠，并先以原用的提取溶剂 10～15 mL 浸润)，净化液用 K.D 浓缩器浓缩至 0.5～1.0 mL，待检。

1.直接耦合法

(1)试剂。0.5%对硝基重氮苯氟硼酸盐乙醇液：取 0.5 g 对硝基重氮苯氟硼酸盐，溶于 100 mL 无水乙醇中。

(2)操作方法。取待检液 1 滴于硅胶 G 薄层板上，再依次滴加 20% KOH 乙醇液和 0.5%对硝基重氮苯氟硼酸盐乙醇溶液各 1 滴，如有毒鼠强存在，反应区立即呈紫红色。

2.奈氏试剂法

(1)试剂。奈氏试剂：将碘化汞饱和于 40%的碘化钾溶液中，取 5 mL 加入 50 mL 30%KOH 溶液，过滤即得。

(2)操作方法。取待检液 1 滴于硅胶 G 薄层板上，再滴加奈氏试剂 1 滴，斑点显紫红色，阴性对照为淡黄色。

3.邻联苯甲胺法

(1)试剂。1%邻联苯甲胺乙醇液:取 1 g 邻联苯甲胺溶于 100 mL 无水乙醇中。

(2)操作方法。取待检液 1 滴于定性滤纸上,滴加 1%邻联苯甲胺乙醇液 1 滴,置 254 nm 紫外光下活化 10～15 min,斑点显绿色至黄绿色或橙绿色。

4.碘化铋钾法

(1)试剂。碘化铋钾显色剂。

①A 液:取次硝酸铋 2 g,加冰醋酸 25 mL 使溶解,加水 100 mL。

②B 液:取碘化钾 40 g,加水 100 mL 使之溶解。

(2)操作方法。取待检液 1 滴于硅胶 G 板上,加碘化铋钾 A+B 液 1 滴,显黄红色(易消失,应及时观察)。

5.确证实验——薄层层析法

(1)薄层板。自制硅胶 G 板,0.25 mm 厚,110℃干燥 1 h。

(2)点样。直接点样法,用微量进样器或玻璃毛细管少量多次点检液 3 μL+2 mol/L 醋酸 0.5 μL,阳性对照点 1 mg/mL 毒鼠强标准液 2 μL+2 mol/L 醋酸液 0.5 μL。

(3)展开剂。浓氨液∶乙醇=1.5∶100,60～80 mL。

(4)平衡。饱和 1 h。

(5)展开。上行法,层析缸四壁贴有滤纸,展开 30 min 左右。

(6)显色。

①喷碘化铋钾显色剂,斑点显淡绿色,背景显淡黄色。

②喷奈氏试剂,斑点显砖红色,背景浅棕黄色。

③喷 1%邻联苯甲胺乙醇液。置 254 nm 紫外光下活化 10 min,斑点显淡绿到蓝绿色,背景显浅黄白色。

(7)R_f 值。0.68。

(8)判定。检液斑点的 R_f 值、所显颜色和毒鼠强标准斑点一致,即为确证定性。

三、实验注意事项

1.定性检样的采取与处理

供毒物检验的样品种类多,有呕吐物、排泄物、剩余食物、胃肠内容物、血液、肾脏、肝脏等,检测结果的可靠性对被检查样要求很重要。一般是口服中毒者,定性检测时,取可疑的剩余饲料、呕吐物和胃内容物。

此外,采样还必须具有代表性、真实性,这是我们对客观事物是否能得出科学结论的关键所在。因此,采集样品时必须深入现场,以实事求是的科学态度,对中毒环境做周密的调查与研究。除此之外,采集样品时还应注意:

(1)采集检验样品时要考虑全面一些,采集检样的种类和数量宁可稍多一点。

(2)采集的检样要严格保存,避免污染变质,最好封固加印。

(3)必须对被检查样进行详细的登记,如送检单位、日期、名称、数量、目的与要求以及中毒症状和其他有关重要线索等。

2.进行毒物检验时要注意的事项

由于毒物检验工作比较复杂,责任重大,涉及法律责任或对中毒动物的抢救。中毒动物肉品关系到人身生命安全,而且所采集的检样多数又不可能重复获得。因此,检验人员要仔细,要做到以下几点:

(1)采集检样后应尽快进行检验,使用样品时不能全部用完,务必注意保留一部分,以备重检或存查。

(2)检验时所用药品必须是分析纯(AR),所用仪器必须先校正、纠正误差,并要求同时设空白实验。

(3)在整个毒物定性检测过程中,自始至终必须有详细的实验记录,如检样名称、采用数量、检验方法、计算结果都要记录清楚,必要时,记录本要定期归档。

(4)结果报告。样品检测结果要有报告书。报告结果时要注意以下几方面:

①对于每一次检验要重复2～3次或采用几种不同方法加以确证,决不能仅凭一次检测结果就断然作出结论。

②由于样品的污染,或搁置时间过久,或用试剂纯度不准,或处理方法不到位,或因操作不熟练,定性检验常出现假阳性。因此判定结果必须结合临床。

③定性检验结果的表示方式是以“强阳性(++)”“阳性(+)”及“阴性(-)”表示。

四、实验结果分析

(1)学生将所有的实验结果,根据阳性和空白对照,进行认真分析,填写毒物分析报告单。

(2)毒物定性分析结果,有些可作为中毒病例的确诊依据。但是有些毒物如亚硝酸盐、氢氰酸等只能作为综合分析的参考依据。

(3)实验结束要求每位学生写一份实验报告。报告内容包括实验原理、操作方法与步骤、实验结果、讨论与分析。

五、思考题

(1)亚硝酸盐、氢氰酸、敌鼠钠、毒鼠强 4 种常见毒物检验的基本方法是什么？

(2)如何控制毒物检验时病料中毒物的提取？

(3)不同的毒物检验中，哪些材料更加适合毒物检验？

实验十五　毒物分析的定量分析——总砷、无机氟和棉酚

一、饲料中砷(As)(总砷)的分析测定

1. 适用范围

本测定方法适用于配合饲料(包括混合饲料)中总砷含量的测定。

2. 原理

配合饲料样品经消化后,用碘化钾、氯化亚锡将五价砷还原为三价砷,在与锌粉和盐酸作用下产生的原子态氢生成砷化氢。砷化氢经银盐溶液吸收后,形成红色络合物,与标准系列比较进行定量测定。

3. 试剂和溶液

本测定方法中所用水均为去离子重蒸馏水或相应纯度的水。

(1)硝酸,优级纯。

(2)硫酸,优级纯。

(3)盐酸,优级纯。

(4)高氯酸,优级纯。

(5)三氯甲烷,优级纯。

(6)无砷锌粒,优级纯。

(7)15%碘化钾溶液:称取 75 g 碘化钾(AR),溶于一定量水中,再稀释至 500 mL,贮存于棕色瓶子里。

(8)40%氯化亚锡溶液:称取 200 g 氯化亚锡(AR),溶于一定量盐酸中,然后用盐酸稀释至 500 mL。如需要保存数月,可加几粒锡粒。

(9)6 mol 乙酸:取 34.8 mL 冰乙酸(GB 676—78,AR),用水稀释至 100 mL。

(10)10%乙酸铅溶液:称取 10.0 g 乙酸铅(HG 3—974—76,AR)溶于 20 mL 的 16 mol 乙酸中,用水稀释至 100 mL。

(11)20%氢氧化钠溶液:称取 20 g 氢氧化钠(GB 629—81,AR),溶于水中,加水稀释至 100 mL。

(12)3 mol/L 盐酸:取 133 mL 盐酸,溶于 400 mL 水中。

(13)乙酸铅棉花:用 10%乙酸铅溶液浸透脱脂棉,浸泡约 1 L。压除多余溶

液，使脱脂棉疏松，在100℃以下温度烘干，贮存于瓶子里。

(14)二乙基二硫代氨基甲酸银-三乙醇胺-三氯甲烷吸收液：称取0.25 g二乙基二硫代氨基甲酸银(AR)，加入适量三氯甲烷溶解，加入2 mL三乙醇胺(AR)，摇匀，用三氯甲烷稀释至500 mL，贮存于棕色瓶子里。

(15)砷标准储备液：精确称取0.132 0 g三氧化二砷(GB 673—77，AR)加入5 mL的20%氢氧化钠溶液，溶解后加25 mL的10%硫酸使溶液无色，移入1 000 mL容量瓶中，用水稀释至刻度。该溶液为每毫升含砷100 μg。

(16)砷标准工作液：精确吸取10 mL砷标准储备液加入50 mL容量瓶中，用水稀释至刻度，该溶液含砷量为20 μg/mL。

(17)精确吸取1,2,3,4,5 mL所配制的溶液分别加入50 mL容量瓶中，用水稀释至刻度。所配制的溶液为每毫升含砷0.4,0.8,1.2,1.6,2.0 μg的砷工作液。

4. 仪器设备

(1)消化设备：加热温度由室温至400℃连续可调，平行样品所在位置上的温度<5℃。

(2)分析天平：感量0.000 1 g。

(3)实验室用样品粉碎机。

(4)水浴锅。

(5)分光光度计：波长范围为400～800 nm，吸光度显示值，精度为0.005。

(6)容量瓶：25,50,100,1 000 mL。

(7)移液管：1,2,3,4,5,10,15,20,25 mL。

(8)消化管。

(9)测砷玻璃装置(图15-1)。

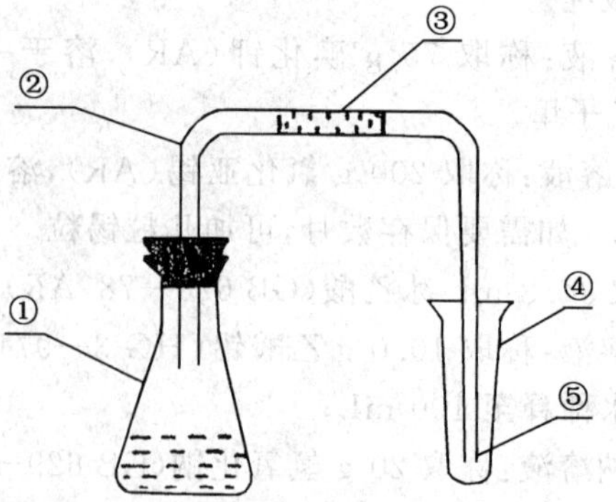

图15-1　测砷玻璃装置

①250 mL三角瓶；②9号胶塞及导气管：$\phi_{内}=6$ mm，$\phi_{内}=2$ mm；③乙酸铅棉花；④10 mL带刻度试管；⑤出气口，$\phi=1$ mm

5. 样品的选择和制备

饲料样品以四分法选取有代表性的样品约 200 g，磨碎并过 20 目筛，密封、低温保存。

6. 测定步骤

(1)样品消化。称取 5 g(精确至 0.001 g)饲料样品放入消化管中，准确加入 5 mL 水，使样品湿润，依次加入 20 mL 硝酸，5 mL 硫酸，玻璃珠数粒，放置 12 h 后加入 5 mL 高氯酸，进行消化。消化时，先把消化设备温度调节在 50℃，恒温消化 2 h，把温度上升至 250℃，恒温消化至消化管中黄色烟雾排尽，出现白色烟雾为止，把温度升高至 400℃恒温消化，直至消化液由黄色变成淡白色，立即取出消化管，冷却待用。

(2)样品定容。往消化管中加入 3 mol/L 盐酸 5 mL，在 100℃水浴中加热，使盐类溶解后用 3 mol/L 盐酸把消化管中消化液冲洗入 25 mL 或 50 mL 的容量瓶中，多次冲洗，用水定容至刻度。

(3)标准曲线绘制。

①精确吸取上述试剂(17)中砷工作溶液各 1 mL，分别放入 250 mL 三角瓶中，加水至 35 mL。

②准确加入 5 mL 盐酸，摇匀。

③准确加入 15％碘化钾溶液 2 mL，摇匀。

④准确加入 40％氯化亚锡溶液 1 mL，摇匀。

⑤称取 3 g 无砷锌粒。

⑥准确吸取 5 mL 甲酸银吸收液加入 10 mL 刻度试管中。

⑦静置 15 min，在往测砷装置中加入锌粒的同时，迅速插上装有乙酸铅棉花的导气管，使发生的砷化氢气伴随氢气流通入吸收液中。

⑧反应 40～60 min(视室内温度决定)，取下吸收管，用三氯甲烷将吸收液定容 5 mL，将该溶液倒入 1 cm 比色皿中，以试剂空白为参比，在 522 nm 波长下测吸光度，根据所测绘制标准曲线。

(4)样品测定。

①精确吸取一定量的消化液(10 或 20 mL)及同量的试剂空白液，分别加入 250 mL 三角瓶中，加水至 35 mL。

②按上述绘制标准曲线的步骤②～⑧，测出相应的吸光度，与标准曲线比较，以确定样品中砷的含量。

7. 分析结果计算

$$X=\frac{(A_1-A_2)\times 1\,000}{M\times\frac{V_2}{V_1}\times 1\,000}$$

式中：X——样品中砷含量以 As 计(mg/kg)；

A_1——被测试液中砷含量(μg)；

A_2——空白试液中砷含量(μg)；

V_1——样品消化液总体积(mL)；

V_2——被测样品体积(mL)；

M——样品的质量(g)。

8. 结果表示

每个样品取 2 份，平行测定，以其算术平均值为结果，结果计算到 0.1 mg/kg。

二、配合饲料中氟(F)的分析测定

1. 适用范围

本测定方法适用于饲料原料、饲料产品中氟的测定。本方法氟的最低检测限为 0.80 μg。

2. 原理

氟离子选择电极的氟化镧单晶膜对氟离子产生选择性的对数响应，氟电极和饱和甘汞电极在被测试液中，电位差可随溶液中氟离子的活度变化而改变，电位变化规律符合能斯特方程式。

$$E=E^0-\frac{2.303\,RT}{F}\lg C_F$$

E 与 $\lg C_F$ 呈线性关系。$2.303\,RT/F$ 为该直线的斜率(25℃时为 59.16)。

在水溶液中，易与氟离子形成络合物的三价铁(Fe^{3+})、三价铝(Al^{3+})及硅酸根(SiO_3^{2-})等离子干扰氟离子测定，其他常见离子对氟离子测定无影响。测量溶液的酸度 pH 为 5～6，用总离子强度缓冲液消除干扰离子及酸度的影响。

3. 试剂和溶液

本方法所用试剂均为分析纯，水均为不含氟的去离子水，全部溶液贮于聚乙烯塑料瓶中。

(1)3 mol/L 乙酸钠溶液。乙酸钠($CH_5COONa \cdot 3H_2O$,GB 693—77,AR)204 g 溶于约 300 mL 水中,待溶液温度恢复到室温后,以 1 mol/L 乙酸(GB 673—778,AR)调节至 pH 7.0,移入 500 mL 容量瓶,加水至刻度。

(2)0.75 mol/L 柠檬酸钠溶液。柠檬酸钠($Na_3C_6H_5O_7 \cdot 2H_2O$,HG 3—1298—80,AR)110 g 溶于约 300 mL 水中,加高氯酸(GB 623—77,AR)14 mL,移入 500 mL 容量瓶,加水至刻度。

(3)总离子强度缓冲液。3 mol/L 乙酸钠溶液与 0.75 mol/L 柠檬酸钠溶液等量混合,临用时配制。

(4)1 mol/L 盐酸。量取盐酸(GB 622—77,AR)10 mL 加水稀释至 120 mL。

(5)氟标准溶液。

①氟标准储备液:准确称取经 100℃干燥 4 h,冷的氟化钠 0.221 0 g,溶于水,移入 100 mL 容量瓶,加水至刻度混匀,贮存于塑料瓶中,置冰箱内保存,此液每毫升相当于 1.0 mg 氟。

②氟标准溶液:临用时准确吸取氟储备液 10.0 mL 于 100 mL 容量瓶中,加水至刻度,混匀,此液每毫升相当于 100.00 μg 氟。

③氟标准稀溶液:临用时准确吸取氟标准溶液 10.0 mL 于 100 mL 容量瓶中,加水至刻度,混匀,此液每毫升相当于 10.0 μg 氟。

4. 仪器和设备

(1)氟离子选择电极。测量范围 $10^{-1} \sim (5 \times 10^{-7})$ mol/L,pF-1 型或与之相当的电极。

(2)甘汞电极。232 型或与之相当的电极。

(3)磁力搅拌器。

(4)酸度计。测量范围 0～－1 400 mV,PHS-3 型或与之相当的酸度计或电位计。

(5)分析天平。感量 0.000 1 g。

(6)纳氏比色管。50 mL。

(7)容量瓶。50,100 mL。

(8)超声波提取器。

5. 饲料样品选取和制备

取具有代表性的样品 2 kg,以四分法缩分至约 250 g,粉碎,过 0.42 mm 孔筛,混匀,装入样品瓶,密闭保存,备用。

6. 测定步骤

(1)氟标准工作液的制备。准确吸取氟标准稀溶液 0.50,1.00,2.00,5.00 和 10.00 mL,再准确吸取氟标准溶液 2.00,5.00 mL,分别置于 50 mL 容量瓶中,于各容量瓶中分别加入 1 mol/L 盐酸溶液 5.00 mL,总离子强度缓冲液 25 mL,加水至刻度,混匀。上述两组标准工作液的浓度分别为 0.1,0.2,0.4,1.0,2.0,4.0,10.0 μg/mL。

(2)样品溶液的制备。准确称取 0.5～1 g 试样(精确至 0.000 2 g),置于 50 mL 纳氏比色管中,加入 1 mol/L 盐酸 5.0 mL,密闭提取 1 h(不时轻轻摇动比色管),应尽量避免样品沾于管壁上。或置于超声波提取器中密闭提取 20 min。提取后加总离子强度缓冲液 25 mL,加水至刻度,混匀,以定量滤纸过滤,滤液供测定用。

(3)测定。将氟电极和甘汞电极与测量仪器的负端和正端连接,将电极插入盛有水的 50 mL 聚乙烯塑料烧杯中,并预热仪器,在电磁搅拌器上以恒速搅拌,读取平衡电位值,更换 2～3 次水,待电位值平衡后,即可进行标准样品和样液的电位测定。

由低到高浓度分别测定氟标准工作液的平衡电位。以平衡电位作纵坐标,氟标准工作液的氟离子浓度为横坐标,用回归方程计算或在半对数坐标纸上绘制标准曲线。每次测定均应同时绘制标准曲线。从标准曲线上读取试液的氟离子浓度。

7. 测定结果的计算

$$X=\frac{A\times 50\times 1\,000}{M\times 1\,000}$$

式中:X——样品中氟的含量(mg/kg);

A——测定样液中氟的浓度(μg/mL);

M——样品的质量(g);

50——测试液体积(mL)。

8. 测定结果的表示

每个试样取两个平行样进行测定,以其算术平均值为结果,结果表示到 0.1 mg/kg。

9. 平行测定允许相对偏差

同一分析者对同一饲料同时或快速连续地进行 2 次测定,所得结果之间的相对偏差在试样中氟含量小于或等于 50 mg/kg 时，不超过 10%；在试样中氟含量大于 50 mg/kg 时，不超过 5 %。

三、配合饲料中游离棉酚的分析测定——分光光度计法

棉籽饼粕是一种优质的蛋白质资源，其粗蛋白质平均在 38%，粗纤维 11%，粗脂肪 3%，粗灰分 6.3%，无氮浸出物在 29.4%。棉籽饼中赖氨酸含量在 1.42%。棉籽粕中含量在 1.58%左右。因此，棉籽饼粕是一种常用的蛋白质饲料，特别适用于反刍动物，由于其赖氨酸含量仅为豆饼的 60%左右，所以用棉籽饼粕来替代鸡、猪日粮中的部分豆饼时，应按营养需要量表在日粮中再添加一些合成赖氨酸，这样可使饲养效果完全与使用豆饼时相当。

但由于棉籽粕中尚有棉酚等有毒物质，因此，又限制了它在动物饲养中的应用。因此，在合理应用棉籽饼粕时必须检测其棉酚和游离棉酚的含量。目前，国内外采用的棉籽饼粕去毒的方法是在棉籽饼粕中按其游离棉酚的含量多少，来决定加入硫酸亚铁($FeSO_4$)的用量。其比例规定为：游离棉酚含量∶铁(Fe^{2+})=1∶1。并在拌匀后再用于饲喂动物。因此，检测棉籽粕中游离棉酚的含量是合理利用棉籽粕这个蛋白质饲料的必要的一个技术指标。

棉酚的环己烷溶液在 236 nm，286 nm，258 nm 处均有吸收峰，利用这一性质可以测定棉酚的含量。

棉酚的毒性：由于棉酚可与生物体内的酶及其他蛋白质结合，并能降低琥珀酸脱氢酶和细胞色素氧化酶的活性，影响氨基酸在肠道内的转运。对雄性动物生精细胞具有持久性毒性，因而可造成不育。对雌性动物的卵巢发育有明显的抑制作用。

不同动物对棉酚毒性的敏感性不一样，猪和家兔最敏感，家禽为中等敏感，而反刍动物除小牛外，一般不受棉酚的影响，

棉酚对猪心肌有明显损伤作用，在肝中明显积累，能使肝结构破坏，并能引起凝血酶原下降，造成肝、小肠、胃出血，但可被维生素 K 拮抗。棉酚与低钾症有关，它可抑制肾曲小管 Na^+-K^+ ATP 酶活性，导致 K^+ 排出增加，当饲料中棉酚含量在 0.01%以下时，动物一切正常，在 0.02%时为临界线，而超过 0.03%时，动物则会呼吸困难，继而厌食失重，腹泻及毛色改变，连续喂饲则会发生死亡。经剖检可发现胸膜腔、心包腔、腹膜腔积液、肺心淋巴水肿、肝脏心肌变性、心脏肥大、肝叶内坏死、淋巴细胞减少等症状。

棉酚还可以结合肝中的铁离子而干扰呼吸酶和血红蛋白合成中铁离子的正常利用。

此外，棉酚还可以与饲料中的蛋白质和某些氨基酸结合，而降低饲料中这些物质的利用和吸收，因而阻碍了动物的正常生长发育。

由于以上这些原因，测定饲料中棉酚的含量，合理利用棉籽饼这一蛋白质饲料资源，以控制棉酚在一个安全水平，就显得十分必要。

游离棉酚的分析测定——分光光度计法

1. 适用范围

本方法适用于含有棉籽及棉籽(仁)饼粕的配合饲料中游离棉酚的测定。

用于分析的样品重量和提取液的体积决定于棉籽饼中棉酚的含量，表 15-1 可用于称样时的参考。

表 15-1　测定游离棉酚的参考指标

样品类型	游离棉酚含量/(mg/kg)	样量/g	用于分析提取液的体积/mL
棉仁	6.5～1.5	0.25	2
棉籽饼	0.2～0.4	0.50	2
棉籽饼	0.1～0.2	1.00	2
棉籽饼	0.05～0.10	1.00	5
棉籽饼	0.02～0.05	1.00	10
棉籽饼	0.01～0.02	2.00	10
棉籽饼	＜0.01	5.00	10

2. 原理

在 3-氨基-1-丙醇存在下，用异丙醇与正己烷的混合溶剂提取苯胺，使棉酚转化为苯胺棉酚。在最大吸收波长(435～445 nm)进行比色测定。

3. 仪器设备

(1)分光光度计。波长范围 400～800 nm。

(2)振荡器。振荡频率 120～130 次/min(往复)。

(3)恒温水浴锅。

(4)三角烧瓶。250 mL，具塞。

(5)容量瓶。25 mL(棕色)。

(6)吸量管。1，3，10 mL。

(7)漏斗。ϕ50 mm。

(8)表玻璃。ϕ60 mm。

4. 试剂和溶液

除特殊规定外，本标准所用试剂均为分析纯，水为蒸馏水或相应纯度的水。

(1)异丙醇(HG 3—1167—78)。

(2)正己烷(企标)。

(3)冰乙酸(GB 676—78)。

(4)苯胺(GB 691—77)，如果测定的空白实验吸收值超过 0.02 时，在苯胺中加入锌粉，蒸馏，弃去开始和最后的 10%蒸馏部分。放入棕色玻璃瓶内贮存在(0～4℃)冰箱中，可以稳定几个月。

(5)3-氨基-1-丙醇(Q/HG—22—1941—78)。

(6)异丙醇：正己烷混合溶剂＝6：4(V/V)。

(7)溶剂 A：取约 500 mL 异丙醇、正己烷混合溶剂，2 mL 的 3-氨基-1-丙醇，8 mL 冰醋酸和 50 mL 水，置入 1 000 mL 的容量瓶中，再用异丙醇，正己烷混合溶剂定溶至刻度。

5. 样品选取和制备

按 GB 6432—6439—86 执行，将待测样本粉碎过 40 目筛。

6. 测定步骤

(1)称取约 5 g(精确到 0.001 g)配合饲料至 250 mL 具塞三角瓶中，加入 20 粒玻璃珠，准确加入 50 mL 溶剂 A。塞紧瓶塞，放入振荡器内振荡 1 h(每分钟 120 次左右)。通过定量滤纸过滤，过滤时在漏斗上加盖一块玻璃以减少溶剂挥发，弃去最初几滴滤液，收集滤液于 100 mL 具塞三角瓶中。

(2)用移液管吸取等量双份滤液，每份含 50～1 000 μg 的棉酚，分别置于 2 个 25 mL 的棕色容量瓶 a 和 b 中，如果需要，用溶剂 A 补充至 10 mL。

(3)用异丙醇/正己烷混合溶剂，稀释瓶 a 至刻度，并摇匀，该液用作样品测定液的参比溶液。

(4)用移液管吸 2 份 10 mL 的溶剂 A，分别至 2 个 25 mL 棕色容量瓶 a_0 和 b_0 中。

(5)用异丙醇/正己烷混合溶剂，补充 a_0 至刻度，并摇匀，该溶液用作空白测定液的参比溶液。

(6)加 2.0 mL 的苯胺于容量瓶 b 和 b_0 中，在沸水浴上加热 30 min，显色。

(7)冷却至室温，用异丙醇、正己烷混合溶剂定溶，摇匀并静置 1 h。

(8)用分光光度计在最大波长 440 nm，以 a_0 为参比溶液，测定空白测定液 b_0 的吸光度，以参比溶液测定样品测定液 b 的吸光度，从样品测定液的吸光度值中减去空白测定液的吸值,得到校正吸光度 A。

7. 结果计算

$$X=\frac{A\times 1\ 250\times 1\ 000}{\alpha\times m\times V}=\frac{A\times 1.25}{\alpha\times m\times V}\times 10^{6}$$

式中:X——游离棉酚含量(mg/kg);

A——校正吸光度;

m——试样的质量(g);

V——测定用滤液的体积(mL);

α——质量吸收系数,游离棉酚为 62.5 L/(cm·g)。

8. 结果表示

每个试样做 2~3 个平行测定,以其算术平均值为结果。

注:当游离棉酚含量小于 500 mg/kg 时,允许相对偏差为 7.5%;当游离棉酚含量大于 500 mg/kg,而小于 750 mg/kg 时,允许相对偏差为 7.5%~5%(绝对偏差 750 mg/kg),当游离棉酚含量超过 750 mg/kg 时,允许相对偏差为 5%。

9. 我国配合饲料中游离棉酚允许量标准

(1)肉鸡配合饲料。允许量≤100 mg/kg;

(2)蛋鸡配合饲料。允许量≤20 mg/kg;

(3)肉猪配合饲料。允许量≤40 mg/kg。

四、思考题

(1)砷中毒、无机氟中毒和棉酚中毒在本地区的发生情况如何?分析其原因。

(2)在 3 种毒物检验中,应注意的问题是什么?

(3)各种动物的 3 种毒物的中毒剂量范围是多少?

(4)在我国畜禽发生砷中毒的主要原因是什么?

下篇

病理模型复制与诊疗

实验十六　动物胃肠炎病理模型复制与诊疗

一、实验目的与要求

(1)熟悉动物胃肠炎的分类以及其相应的临床特点和治疗原则。

(2)熟悉与掌握某一细菌性胃肠炎动物的临床表现、病理变化、诊断要点和治疗原则。

(3)熟悉与掌握大肠杆菌性胃肠炎的临床表现和治疗要点。

(4)熟悉与掌握动物疾病诊断的一般处理方法与原则。

(5)掌握消化系统病例临床诊断的一般处理原则与报告格式。

实验学时:5 学时。

二、实验的基本原理

通过人工复制病理模型,给初产仔猪饲喂一定量的强毒大肠杆菌菌种,让其在胃肠道繁殖、扩展,产生胃肠毒素而损伤胃肠壁,造成胃肠黏液分泌增多、黏膜水肿、出血、纤维蛋白渗出、白细胞浸润以致溃疡或坏死。

当炎症局限于胃和小肠时,由于交感神经的紧张性增高,对胃肠运动的抑制性增强,肠蠕动减弱,且大肠吸收水分的功能相对完好,所以临床表现排粪迟滞而不显腹泻。当炎症波及大肠或以肠炎为主时,肠蠕动增强,出现腹泻。大肠杆菌引起的胃肠黏膜急、慢性炎症或坏死,将引起液体分泌和炎症产物增加,而对液体和电解质的吸收减少,此时肠腔内渗透压升高以及分泌-吸收不平衡,进一步促进了液体的大量分泌,加剧了腹泻的发展。当肠管炎性病变加剧,以至肠出血、坏死时,则导致肌源性肠弛缓或弛缓性肠肌麻痹,肠腔内积滞大量液体和腐败发酵产生的气体,则出现胃肠积液和鼓气。炎性产物、腐败产物以及细菌毒性产物(肠毒素,尤其内毒素)经肠壁吸收入血,导致自体中毒甚至内毒素血症和内毒素休克,最终发生弥漫性血管内凝血。

三、实验材料准备

(1)大肠杆菌菌种,菌种依据各个单位微生物实验室具体情况而定。

(2)仔猪或其他动物若干头。

(3)仔猪黄白痢胃肠炎病例1～2例。

(4)其他原因引起的胃肠炎病例1～2例。

(5)临床检查工具一套。

四、病理模型复制

人工诱发猪大肠杆菌感染

(1)菌液的制备。将强毒菌株接种于普通肉汤小管,37℃培养8 h,用普通琼脂平皿划线分离单个菌落,37℃培养20 h,选取光滑圆整菌落若干个,用K88ac因子血清做玻片凝集反应,选取"#"菌落数个,混合接种鲜血琼脂斜面,37℃培养20 h,用普通肉汤洗下菌苔,制成菌悬液。灌服未吃初乳的仔猪,然后进行人工喂奶,取其小肠严重病变部分,用pH 7.2的缓冲盐水反复冲洗肠管,剪开,用铂金耳刮取小肠黏膜在鲜血琼脂平皿上划线分离,37℃培养20 h,选呈β溶血的光滑圆整菌落若干个,用K88ac因子血清做玻片凝集反应,选凝集"#"的菌落数个混合密集接种鲜血琼脂斜面数支,置37℃培养20 h,用适量普通肉汤洗下菌苔,纯检,最后菌液稀释至每毫升约含6亿个活菌,收集于消毒瓶中,置-20℃保存备用。

(2)接种量和活菌数。每头猪按每千克体重静脉接种大肠杆菌菌液0.2 mL,约含1.2亿个活菌。

观察接种前后反应,常规临床观察并测体温,记录数据。死亡猪只进行解剖确认,并进行细菌分离培养。

五、病史询问要点

(1)动物品种、发病年龄、体貌特征、环境条件等。

(2)起病日期,起病急缓,可能的诱因。

(3)发热(热度及热型)。

(4)咳嗽、咳痰(量、性状、有无臭味)。

(5)呼吸困难形式、程度。

(6)有无休克症状和精神状态,如意识模糊、烦躁不安、嗜睡、四肢末梢冰冷、多汗。

(7)尿量及饮食变化情况。

(8)起病后的诊治经过及病情发展演变情况。

(9)既往健康状况,有无类似病史,有无慢性消化系统疾病、心血管疾病及代谢性疾病等病史。

(10)治疗和用药情况,治疗后的临床症状等。

六、体格检查要点

对胃肠炎病例在体格检查之前应对病畜的全身情况有个初步的估价,如果全身情况不允许做详细的体格检查,尤其是畜主不让解剖病畜时,应给予及时必要的救治措施。在做体格检查时,应注意以下几点:

(1)体温、脉搏、呼吸、血压。

(2)姿势。腹痛病畜往往卷曲侧卧,视腹。

(3)精神状态。

(4)有无呼吸困难和发绀。

(5)皮肤、巩膜有何变化。

①皮肤颜色:皮肤苍白,指压皮肤转红较缓慢,表现中毒情况严重,外周循环衰竭,需及时抢救。

②皮肤弹性:如有脱水,表现皮肤弹性不佳。

③皮肤温、湿度:皮肤干热,往往是急性起病时,皮肤湿冷是濒临休克的表现。

④有无眼球突出,眼球震颤,眼睑凹陷。

⑤颈项有无强直或抵抗,甲状腺有无肿大,甲亢病畜常有腹泻的表现。

(6)颈部。气管位置,颈浅淋巴结,颈静脉管,有无颈部抵抗感。

(7)胸部。胸廓形态,有无叩诊音异常(浊音、实音、鼓音)、病理性呼吸音、啰音和胸膜摩擦音,有无胸杂音变化。

(8)心脏。心脏大小、心尖搏动强度、心率、节律、心内杂音、心包摩擦音。

(9)腹部。

①视诊:正常为均匀平坦。混合式呼吸分布均匀。

②触诊:有无紧张、抵抗等表现;有无肝、脾肿大情况。

③叩诊:了解胃肠道内部的物理特性。

④听诊:听取胃肠道蠕动音。

⑤肛指检查:这是一个简便易行且有一定诊断价值的方法。右手食指戴一指套,涂液状石蜡或肥皂以润滑,以指面徐徐插入直肠,可深达 7～8 cm。检查时注意肛门括约肌的紧张度,有无肛裂、肛周疼痛性疾病。直肠肠壁与肠腔的情况,有无狭窄、癌肿或息肉等。

(10)有无病理性神经定位体征,如共济失调等。

(11)X 线检查:可了解或推测胃肠道内在空间结构、胃肠道内部的物理特性等。

七、临床病理学要点

(1)初期白细胞总数如何变化,中性粒细胞比例变化怎样,核型左移还是右移,有无出现多量杆状核和幼稚核。

(2)后期病例,白细胞总数又如何变化,中性粒细胞比例变化怎样,核型左移还是右移,有无出现多量杆状核和幼稚核。

(3)红细胞计数,血沉,红细胞压积容量,血红蛋白浓度和平均血红蛋白浓度。

(4)血液 pH,有无酸中毒或碱中毒。

(5)有无低钠血症、低氯血症和低钾血症。

(6)尿量,比重如何,有无各种管型。

八、病理学检查

胃肠炎的病理学变化,因为病因、病程的不同而存在很大差异。常见变化有黏膜或黏膜下层组织的水肿、充血、出血,或有纤维蛋白性炎症、黏膜的溃疡和坏死;呈急性坏死的有明显的出血、纤维蛋白伪膜和上皮碎片,慢性炎症其上皮可能相对正常,但肠壁增厚或有水肿。寄生虫性胃肠炎,剖检时可见有虫体,粪检可发现虫卵。

九、实验步骤与讨论

(1)学生分组采集病例病史、体格检查。

(2)学生报告病例摘要并提出必要的辅助检查项目,说明每项检查的目的,由带教老师提供相应检查项目的结果(血常规、粪培养、粪抹片、X 线报告等)。

(3)学生概括本病病因的临床特点。

(4)由老师结合病例的实际情况以提问的方式启发学生讨论。

①本病例的临床诊断:诊断要点及不支持点。

②本病的鉴别诊断:首先应与其他原因所致胃肠炎相鉴别,如原发性肠炎等;其次应与其他有关疾病相鉴别,如急慢性胃肠卡他、回肠肥厚、胃溃疡、胃肠癌等;伴有严重腹痛时应与肠扭转、肠套叠等相鉴别。

③治疗原则:抑菌消炎,清理胃肠,补液、解毒、强心。

a. 抑菌消炎:抑制肠道内致病菌增殖,消除胃肠炎症过程,是治疗急性胃肠炎的根本措施,适用于各种病型,应贯穿于整个病程。可依据病情和药物敏感实验,选用抗菌消炎药物,如黄连素、环丙沙星、诺氟沙星、磺胺脒、酞磺胺噻唑或琥珀酰磺胺噻唑，伍用抗菌增效剂三甲氧苄氨嘧啶(TMP)等。

b. 缓泻与止泻：是相辅相成的两种措施，必须切实掌握好用药时机。缓泻，适用于病畜排粪迟滞，或排恶臭稀粪而肠胃内仍有大量异常内容物积滞时。病初期的马、牛、猪，常用人工盐、硫酸钠等，加适量防腐消毒药内服。晚期病例，以灌服液状石蜡为好。对犬、中小体型猪的肠弛缓，宜用甘汞内服，猪 0.3～2 g；犬 0.015～0.12 g。也可用甘油(犬按 0.6 mL/kg)、液状石蜡(犬按 10～30 mL/次)内服。据国外资料报道，槟榔碱 8 mg 皮下注射，每 20 min 一次，直至病状改善和稳定时为止，对马急性胃肠炎陷于肠弛缓状态时的清肠效果最好。止泻，适用于肠内积粪已基本排净，粪的臭味不大而仍剧泻不止的非传染性胃肠炎病畜。常用吸附剂和收敛剂，如木炭末，马、牛一次 100～200 g，加水 1～2 L，配成悬浮液内服，或用矽炭银片 30～50 g，鞣酸蛋白 20 g，碳酸氢钠 40 g，加水适量灌服。中、小体型动物按体重比例小量应用。

c. 补液、解毒和强心：是抢救危重胃肠炎的 3 项关键措施。补液以用复方氯化钠或生理盐水为宜；输注 5%葡萄糖生理盐水，兼有补液、解毒和营养心肌的作用；加输一定量的 10%低分子右旋糖酐液，兼有扩充血容量和疏通微循环的作用。补液数量和速度，依据脱水程度和心、肾的机能而定；常以红细胞压积容量(PCV)测定值为估算指标，一般而言，病畜 PCV 测定值比正常数值每增加 1%，应补液 800～1 000 mL；临床上，一般以开始大量排尿作为液体基本补足的监护措施。为纠正酸中毒而补碱，常用 5%碳酸氢钠液，补碱量依据血浆 CO_2 结合力测定值估算，通常以病畜血浆 CO_2 结合力测定值比正常值每降低 3.5%，即补给 5%碳酸氢钠液 500 mL。当病畜心力极度衰竭时，既不宜大量快速输液，少量慢速输液又不能及时补足循环容量，此时可施行 5%葡萄糖生理盐水或复方氯化钠腹腔补液，或用 1%温盐水灌肠。对于中毒性、寄生虫性和传染性胃肠炎，除采用上述综合疗法外，重点应依据病因不同，加强针对性治疗，方能奏效。

(5)开出本病的门诊或住院医嘱。

十、实验注意事项

(1)病史问诊和现症的临床检查应尽可能全面。

(2)注意人工造病过程中大肠杆菌的致病菌株的选择以及攻毒数量。

(3)X 线机使用中应注意的事项。

(4)家畜听诊和叩诊检查的注意事项。

(5)注意区分家畜腹部正常听诊音与病理性听诊音。

(6)注意区分家畜腹部正常叩诊音与病理性叩诊音。

(7)要注意与一些相似的疾病进行鉴别诊断。

十一、思考题

(1)胃肠炎的病理分类与其临床表现有何异同?

(2)动物表现为腹泻时,在临床上主要见于哪些原因?

(3)如何选择治疗大肠杆菌性胃肠炎的抗生素?其用法、用量如何?如果用药后体温下降或下降后再发热如何处理?

(4)原发性胃肠炎和继发性胃肠炎如何进行鉴别诊断?

(5)粪便的培养结果如何评价?并给出相应的治疗措施。

(6)如何判断血常规的异常变化?

(7)比较人工造病和自然发病状况的异同。

实验十七　动物肺炎的病理模型复制与诊疗

一、实验目的与要求

(1)掌握细菌性肺炎的临床表现、诊断要点和治疗原则。

(2)掌握肺炎球菌肺炎的临床特点和治疗要点。

(3)熟悉肺炎的分类以及葡萄球菌肺炎、支原体肺炎及病毒性肺炎的临床特点和治疗原则。

(4)掌握呼吸系统病例报告格式。

实验学时:3 学时。

二、实验材料准备

(1)肺炎球菌菌种。

(2)犬或其他动物若干头。

(3)X 线诊断仪。

(4)肺炎病例 1～2 例(最好有肺炎球菌肺炎,否则应备肺炎球菌肺炎或小叶性肺炎病例 1～2 份)。

(5)小叶性肺炎正侧位 X 线胸片及支气管胸片各 1 份。

三、病理模型复制

用注射器抽取肺炎球菌菌液 2.5 mL,在犬颈部腹侧上 1/3 处,剪毛消毒,将注射器内菌液直接缓慢注入气管内,注射速度以保证不发生咳嗽为准。观察犬的临床表现。

四、病史询问要点

(1)动物品种,发病年龄,体貌特征,环境条件等。

(2)起病日期,起病急缓,可能的诱因。

(3)发热(热度及热型)。

(4)咳嗽、咳痰(量、性状、有无臭味)。

(5)呼吸困难形式、程度。

(6)有无休克症状和精神状态,如意识模糊、烦躁不安、嗜睡、四肢末梢冰冷、多汗。

(7)有无消化系统症状:如恶心、呕吐、腹痛、腹泻。

(8)尿量及饮食变化情况。

(9)起病后的诊治经过及病情发展演变情况。

(10)既往健康状况,有无类似病史,有无慢性呼吸系统疾病(肺结核)、心血管疾病及代谢性疾病(如糖尿病)等病史。

(11)治疗和用药情况,治疗后的临床症状等。

五、体格检查要点

(1)体温、脉搏、呼吸、血压。

(2)精神状态。

(3)有无呼吸困难和发绀。

(4)颈部。气管位置,颈浅淋巴结,颈静脉管,有无颈部抵抗感,人工诱咳实验。

(5)胸部。胸廓形态,有无叩诊音异常(浊音、实音、鼓音),有无病理性呼吸音,有无胸杂音变化,注意异常体征和范围。

(6)心脏。大小、心尖搏动强度、心率、节律、心内杂音、心包摩擦音。

(7)腹部。有无压痛,肝、脾肿大情况。

六、实验室检验

(1)血常规检验。

(2)胸部的侧位和正位 X 线摄片。

七、实验步骤与讨论

(1)学生分组采集病例病史、体格检查。

(2)学生报告病例摘要并提出必要的辅助检查项目,说明每项检查的目的,由带教老师提供相应检查项目的结果(血常规、痰抹片、痰培养、X 线胸片报告等)。

(3)学生概括本病病因和临床特点。

(4)由老师结合病例的实际情况以提问的方式诱导学生讨论。

①本病例的临床诊断:诊断要点及不支持点。

②本病的鉴别诊断:首先应与其他原因所致肺炎相鉴别:异物性肺炎等;其次应与其他有关疾病相鉴别:肺癌、肺脓肿;伴有胸痛时应与渗出性胸膜炎、肺梗塞等

相鉴别。

③治疗讨论：肺炎球菌肺炎的治疗重点为抗菌药物治疗（首选青霉素 G），依据痰液培养或支气管液培养的药物敏感实验选择高敏抗菌药物；支持与对症治疗；并发症处理（胸腔积液、脓胸）。感染性休克根据以上实验进行。

④开出本病的住院医嘱。

八、思考题

（1）肺炎球菌肺炎的病理分期与临床表现的关系如何？

（2）如何选择肺炎球菌肺炎治疗的抗生素？其用法、用量如何？如果用后体温下降或下降后再发热，有哪些可能性？

（3）肺炎球菌肺炎、葡萄球菌肺炎、克雷伯杆菌肺炎、支原体肺炎及异物性肺炎等各种肺炎有何主要区别？

（4）对痰培养结果如何评价？

（5）如何判断胸片的异常变化？

实验十八 犬膀胱炎的病理模型复制与诊疗

一、实验目的与要求

(1)了解膀胱炎的发病原因,炎症的性质。

(2)观察膀胱炎的发生、发展过程。

(3)掌握膀胱炎的主要临床特征、诊断要点和鉴别诊断。

(4)掌握公犬和母犬的导尿管导尿技术。

(5)掌握膀胱炎的治疗原则和方法。

(6)了解适合泌尿系统使用的抗菌药物种类。

实验学时:3 学时。

二、实验的基本原理

膀胱炎是犬、猫常见的泌尿系统疾病,是指膀胱黏膜乃至黏膜下层的炎症。多由尿路感染引起,临床上以疼痛性频尿,尿沉渣中见有多量膀胱上皮、脓细胞、红细胞为特征。

本次实验采用具有强烈刺激性的药物如 95%酒精或松节油注入膀胱后,在膀胱黏膜受到刺激后,观察膀胱炎发生的时间、临床症状、尿液成分变化、血液学变化,以及应用 X 线和 B 超诊断技术,观察疾病的发生发展过程,并开展疾病的治疗工作。全面了解引起膀胱炎的常见原因。

1. 感染因素

主要通过肾脏的下行性感染和尿道的上行性细菌感染,在泌尿系统中如尿道结石、肾炎、输尿管炎、尿道炎、子宫炎、子宫内膜炎、阴道炎等可蔓延至膀胱而发病,感染细菌种类较多,如链球菌、绿脓杆菌、葡萄球菌、大肠杆菌、变形杆菌、化脓杆菌等。

2. 机械性刺激

在发生膀胱结石、膀胱肿瘤、肾组织损伤碎片、尿长期蓄积发酵时,分解产生大量的氨及其他有害产物等,这些物质均可强烈刺激膀胱黏膜,造成炎症,甚至坏死;导尿管消毒不严、使用不当、长期使用某些药物(如环磷酰胺)、膀胱穿刺或各种有毒、强烈刺激性的物质(如松节油等)均能引起膀胱炎,导致妊娠后期子宫压迫。

3. 其他因素

缺碘能引起毛细血管通透性改变，发生出血性膀胱炎等。有时也可继发于前列腺炎、前列腺脓肿等疾病。糖尿病及机体免疫功能降低时，亦可导致本病的发生。

三、实验动物和器材准备

(1)实验动物：健康公犬或母犬 7 头(1 头作为对照)。

(2)型号不同的导尿管，消毒处理。

(3)润滑剂，如液状石蜡油。

(4)注射器 5、10、20 mL 各 2 支。

(5)90％医用酒精 100 mL 或松节油 100 mL。

四、病理模型复制

(1)动物保定：侧卧保定(公犬)或站立保定(母犬)。

(2)采用实验三中的导尿技术，将润滑剂润滑后的导尿管插入膀胱内，先用注射器抽取尿液，留取样本作为试验样本。

(3)根据犬的大小，确定注射刺激药物的剂量。

(4)由实验助手抽取 90％酒精或松节油 5～10 mL 直接输注到膀胱内。

(5)药物注射完毕后，用少量的生理盐水冲洗导尿管中残留的药物，以免在抽出导尿管时部分药物对尿道黏膜造成损伤。

(6)观察动物的临床表现，记录出现临床症状的时间。

五、临床检查要点

(1)体温、呼吸、心率、血压检查。

(2)姿势检查，精神状态检查。

(3)皮肤、可视黏膜检查。

(4)皮肤弹性、温度、湿度检查。

(5)腹痛状态检查。

(6)淋巴结检查。

(7)胸区听诊。

(8)肛指检查。

(9)心脏听诊和 X 线检查。

(10)B超检查。

六、膀胱炎的临床特征

(1)单纯性膀胱炎的犬,体格检查通常无明显异常。

(2)急性膀胱炎可见频频有排尿姿势,但每次只有少量几滴尿或无尿排出。排尿时表现痛苦不安,每次排出的尿量减少,尿液浑浊。

(3)当出现膀胱黏膜过度紧张时,可导致黏膜损伤出血,此时排出的尿液呈淡红色。

(4)若炎症侵害黏膜下层时,临床可见体温升高、精神沉郁、食欲减退等症状。

(5)腹部触诊,可触及充盈的膀胱,患病动物表现疼痛不安,压迫时有尿液排出。慢性膀胱炎时,症状轻微,病程较长,排尿困难不明显。

七、尿液和血液分析

在自然排尿状态,接取尿液备检。

1.尿液检查

(1)尿液试纸检查:检查内容包括 pH、尿比重、白细胞、红细胞、蛋白质、葡萄糖、酮体、胆红素、尿胆素原、亚硝酸盐 10 项或更多扩展项目,如肌酐等。

(2)尿液一般检查:尿量、颜色、气味、透明度等。

(3)尿沉渣检查:尿液离心后,取 1 滴(约 50 μL)混匀的尿沉渣于载玻片上,覆盖盖玻片,用低倍镜(10×10)检视全貌并观察 20 个视野以上的计数管型数量,高倍镜(10×40)鉴定管型并观察 10 个视野以上的计数细胞,如红细胞、白细胞、结晶、管型等。膀胱炎主要可见的移行上皮细胞,呈胞核居中的较规则的圆形。

尿沉渣分析工作站的使用,可对尿沉渣液自动混匀、定量取样、涂片、镜检、自动冲洗等。必要时可对制备的尿沉渣进行染色分析,使尿沉渣中的某些成分显色,提高镜检的灵敏性和可靠性。

(4)尿液细菌培养:对发生炎症的尿液进行细菌培养、细菌鉴定和药敏试验,确定敏感抗菌药物,为制定治疗方案提供理论基础。

2.血液采集包括抗凝血和分离血清

(1)血常规检查:红细胞数、血红蛋白浓度、红细胞压、白细胞数、白细胞分类、血小板数及红细胞参数、血小板参数。

(2)血液生化检测:单纯性的膀胱炎案例中血液学检查通常无明显变化。根据疾病发生的原因,可以结合肾功能检查和血钠、血钾含量检测。

(3)影像学检查:通过 X 线和 B 超检查,可以获取膀胱的状态,为进一步鉴别诊断提供依据。

八、治疗原则与方案

膀胱炎的治疗原则包括加强护理,抑菌消炎,膀胱内防腐消毒,对症治疗,严重病例需要补液解毒、强心。

1. 全身应用抗生素

病初应用广谱抗生素 1～2 周。最好根据尿液细菌培养,选择细菌敏感抗生素。在未培养前,可用在尿道获得高浓度的广谱抗生素,如氨苄青霉素或甲氧苄氨嘧啶、阿莫西林或阿莫西林克拉维酸、氟喹诺酮、氯霉素以及头孢菌素类等,因大多数尿道病原菌对这几种药敏感,常用 40%乌洛托品溶液静脉注射进行尿道消毒。

2. 净化尿液

尿路消毒:呋喃妥因,每千克体重 12～15 mg,口服,2 次/d;吡哌酸,每千克体重 30 mg,口服,2 次/d;氨苄青霉素,每千克体重 30 mg;地塞米松,每千克体重 0.2 mg,混合后肌肉注射,2 次/d。动物多饮水,可在饮食中添加食盐,有利于膀胱净化和冲洗。

3. 清洗膀胱

对重症膀胱炎,注意不要使用磺胺类,用温热 0.1%雷佛奴尔溶液、0.1%高锰酸钾溶液或 2%呋喃西林溶液,通过导尿管经尿道注入膀胱。开始 1 次/d,3 d 后,隔日 1 次,再连续冲洗 23 次。

九、分析与讨论

1. 学生分组讨论

分组讨论本病发生的病因和发病机理。

2. 诊断讨论

(1)教师提问,学生回答对怀疑发生膀胱炎的病例,问诊时应注意哪些要点。

(2)由教师结合本病例,以提问的方式引导学生讨论动物下泌尿道感染性疾病的主要临床症状。

(3)由学生开出实验室检查单,写明对本病建立诊断需要开展的尿液检查项目、血液检查项目。

(4)鉴别诊断讨论:小动物下泌尿道感染后表现的临床症状相似,如何进行鉴别诊断?

3.治疗讨论

(1)对发生膀胱炎的动物,每组所采用的方法如何?是一成不变还是对症对因疗法?

(2)应用于泌尿系统感染的抗菌药物选择的依据是什么?

十、实验注意事项

(1)对动物发病前、发病后和治疗后的临床体格检查应全面,并做详细的记录。

(2)考虑发病时间与动物大小和剂量的关系,如何确定诱导药物使用的剂量。

(3)根据临床症状和检查结果综合进行鉴别诊断,如肾炎、肾盂肾炎、尿道炎、前列腺炎等疾病。

(4)熟练掌握导尿管导尿技术,在插入膀胱时,部位要准确,防止插入阴道。

(5)结合X线和B超检查时,要注意检查事项。

十一、作业

详细记录病例复制及诊疗过程,写出实验报告。

实验十九　反刍兽过食谷物(豆类)中毒的病理模型复制与诊疗

一、实验目的与要求

(1)通过反刍兽过食谷物(豆类)中毒的病理模型的复制,掌握反刍兽过食谷物(豆类)导致发病的原因及机理。

(2)掌握反刍兽过食谷物(豆类)中毒的临床表现及诊断要点。

(3)掌握反刍兽过食谷物(豆类)中毒的相关检验方法。

(4)掌握反刍兽过食谷物(豆类)中毒的治疗原则和治疗措施。

(5)掌握反刍兽过食谷物(豆类)中毒的预防要点。

实验学时:3～6 学时。

二、实验材料准备

(1)实验动物。山羊 6～8 只。

(2)实验材料。玉米面(或黄豆),动物开口器,粗口径胃管(内径 25～28 mm),一次性塑料注射器(20、10、5 mL 各若干),一次性输液袋若干,洗胃溶液(1%食盐水、2% $NaHCO_3$ 水、1∶5 石灰水),制酸药和缓冲剂,5%碳酸氢钠溶液,10%安钠咖,等渗糖盐水,复方氯化钠溶液,生理盐水,10%葡萄糖注射液,维生素 C,地塞米松,20%甘露醇或山梨醇,新斯的明或毛果芸香碱,5%氯化钙溶液或 10%葡萄糖酸钙溶液,维生素 B_1 等若干(根据临床实际情况选择)。

三、实验步骤

1.分组

以山羊为实验动物,每班分为 2 个组,每组 4 只,其中 2 只作过食谷物中毒,2 只作过食豆类中毒。若条件许可,可增加实验动物,进行多个不同剂量的谷物(豆类)中毒的病例复制。动物分组编号,称体重。

2.投服谷物(豆类)前体格检查

可由教师提前检查,亦可由学生检查,重点检查项目包括以下内容。

(1)测定体温、脉搏数、呼吸次数。

(2)观察羊精神状态、体格及营养状态,可视黏膜(眼结膜)色泽;鼻汗及有无脱水表现(皮肤弹性及颈部皮肤厚度、眼球凹陷);有无脱水表现;饮食欲、排粪及粪便状况;排尿状况;有无呼吸困难、咳嗽、流鼻液。

(3)进行系统检查:重点进行反刍功能和瘤胃检查,听呼吸音、心音。

(4)实验室检查:瘤胃液检查(pH、纤毛虫)、血液(pH、PCV 等)、粪尿 pH 等。

3.病理模型复制

根据学时,可由教师提前复制,亦可由学生亲自复制。

可按照参考剂量,由动物自由采食谷物(豆类);亦可采用胃管投服:实验动物进行确实保定,安装开口器,插入胃管,在确定胃导管确实插入食道后,根据动物体重不同,由胃导管向瘤胃内灌注相应剂量的谷物(豆类),并注入适量生理盐水,以保证食物完全注入食道或胃中,抽出胃管,取下开口器。同时记录投服时间,随后观察动物的表现。给山羊投服谷物(豆类)剂量参考表 19-1。

表 19-1 给每千克体重的山羊投服的剂量 g/kg 体重

剂量	投服谷物(玉米面)		投服豆类(黄豆面)	
	动物 1	动物 2	动物 3	动物 4
投服剂量	70	100	60	100
中毒参考剂量	60～80		40～80	

4.临床检查

投服谷物(豆类)后,定期观察动物的表现和进行临床检查。

四、病史询问要点

(1)动物品种,发病年龄,饲养管理及环境条件等。

(2)起病日期,起病急缓,可能的诱因。

(3)发热否(热度及热型)。

(4)有无休克症状和精神状态,如意识模糊、烦躁不安、嗜睡、四肢末梢冰冷等。

(5)有无呼吸困难(形式、程度);有无咳嗽和鼻液(量、性状、有无臭味)。

(6)有无消化系统症状:饮食欲情况,有无腹痛,排粪情况及粪便状态(尤其有无腹泻、粪便的色泽、黏腻度、气味、黏液等混杂物)。

(7)排尿及尿量变化情况:排尿次数是否减少,排尿量是否减少。

(8)起病后的诊治经过及病情发展演变情况。

(9)既往健康状况，有无类似病史。

(10)治疗和用药情况，治疗后的临床症状等。

五、临床体格检查要点

(一)反刍兽过食谷物中毒临床体格检查重点观测内容

(1)测定体温(多数体温低下 36.5～38.5℃，少数体温升高)、脉搏数(心跳增加，100 次/min 以上)、呼吸次数(呼吸急促 60～90 次/min)。

(2)观察病例的精神状态。是否精神沉郁，目光无神，反应迟钝，神志不清(眼反射减弱或消失，瞳孔对光反射迟钝，对任何刺激的反应都明显下降)，步态摇晃，肌肉震颤。是否有兴奋不安、向前狂奔或转圈运动、视觉障碍、以角抵墙、无法控制等症状。后期是否极度虚弱，卧地不起，头颈侧屈(似生产瘫痪)或后仰(角弓反张)，昏睡乃至昏迷。

(3)脱水体征是否明显：中度脱水(占体重 8%～10%)，眼球凹陷，皮肤干燥，弹性降低，体表静脉塌陷，血液浓稠，尿少色浓或无尿。

(4)有无呼吸困难和黏膜颜色变化(潮红甚至发绀)。

(5)消化系统检查。消化道症状典型，表现为食欲减退或废绝，腹痛(卧地，头回视腹部)，磨牙虚嚼、流涎，反刍障碍，瘤胃胀满，内容物黏硬呈捏粉样硬度(生面团状)或稀软；随病情的发展，出现瘤胃积液，触诊时感到回弹性，冲击式触诊可闻震荡音；瘤胃运动减弱，瘤胃蠕动音微弱或消失。粪便稀软或水样，颜色灰白或灰黄，含多量未消化谷粒，带明显的酸臭味，随病程的发展，粪便带黏液甚至血液。

(6)其他。心跳加快、节律不齐，脉搏细弱，皮温不均，呈现心衰和循环虚脱的表现。

(二)反刍兽过食豆类中毒临床体格检查重点观测内容

过食黄豆等富含蛋白质饲料所致的瘤胃碱中毒，是一个由酸血症转入以高氨血症(氨中毒)为主的代谢性碱中毒。常在采食后数小时至十几小时出现临床症状。

(1)测定体温、脉搏数(心跳增加)、呼吸次数(早期呼吸浅表而缓慢，末期呼吸急促)。

(2)观察病例的精神状态。神经症状明显，初期兴奋性增高，出现肌颤或肌肉痉挛，后期转为沉郁，昏睡乃至昏迷。

(3)观察脱水体征。中度脱水(占体重 8%～10%)，鼻镜干燥，黏膜潮红，眼球凹陷，皮肤干燥，弹性降低，体表静脉塌陷，血液浓稠，尿少色浓或无尿。

(4)观察胃肠症状。食欲减退或废绝，消化不良，反刍缓慢或停滞，瘤胃运动减弱或消失，口散腐败臭味，常反复伴发轻度或中等程度瘤胃鼓气，瘤胃冲击式触诊可感到液体震荡音，排粥状软粪或恶臭稀粪。

(5)其他。心跳加快、节律不齐，脉搏细弱，皮温不均，呈现心衰表现。

六、实验室检验

1.血液学检验

反刍兽过食谷物(豆类)中毒时血液学变化见表19-2。

(1)红细胞压积(PCV)测定。应用温氏(Wintrobe's)红细胞压积容量测定管测定红细胞压积，若PCV升高，证明血压下降，已发生脱水。

(2)血气酸碱分析。在反刍兽过食谷物(豆类)中毒的病例中，由于发生代谢性酸(碱)中毒，因此进行血气分析、检测血液pH、二氧化碳结合力(CO_2-CP)及碱储，具有实际诊断意义。

(3)血清转氨酶的活性测定。血清丙氨酸转氨酶(ALT)、天冬氨酸转氨酶(AST)活性升高，说明病例的肝细胞和心肌已受到损害。

表19-2 反刍兽过食谷物(豆类)中毒血液学变化参考指标

项　目	正常值	反刍兽过食谷物后	反刍兽过食豆类后
红细胞压积(PCV)/(L/L)	0.35±0.03	升高(0.50～0.60)	升高
血液pH	7.35～7.45	下降(6.9以下)	升高(可达7.5)
CO_2-CP	60%	显著下降	升高
碱储(血液HCO_3^-)/(mmol/L)	21.4～27.3	降低	升高
ALT/(U/L)	15.3～52.3	显著升高	
AST/(U/L)	66～230	显著升高	

2.瘤胃液检验

瘤胃液pH、纤毛虫数量和活力检查对于反刍兽过食谷物(豆类)中毒的病例诊断具有重要意义(表19-3)。

表 19-3　反刍兽过食谷物(豆类)中毒瘤胃液指标变化情况

项　目	正常值	反刍兽过食谷物中毒	反刍兽过食豆类中毒
瘤胃液 pH	6.5～7.5	下降(<6.0),酸臭味	>7.5,氨臭味
纤毛虫数量	50 万/mL	显著减少	显著减少
纤毛虫活力	正常	显著降低	显著降低
乳酸含量	正常	增高 5～10 倍	—

3. 粪、尿 pH 检查

粪、尿 pH 检查见表 19-4。

表 19-4　反刍兽过食谷物(豆类)中毒粪、尿 pH 变化

项　目	正常值	反刍兽过食谷物中毒	反刍兽过食豆类中毒
粪便 pH	弱碱性	下降(<6.0)	升高
尿液 pH	8.0～8.5	显著下降	下降(呈酸性)

七、救治方案

(一)实习救治的要求

(1)在观察动物中毒表现后,由学生提出治疗方案,写出治疗处方。

(2)当出现中毒的典型症状后,开始进行救治。

(3)记录开始救治的时间、用药情况以及救治后症状改善情况和救治结果(表 19-5)。

(二)过食谷物中毒病例救治要点

救治原则是彻底清除有害(毒)的瘤胃内容物,及时纠正酸中毒和脱水——补碱补液,逐步恢复胃肠功能。

1. 强心、补碱、补液

缓解机体全身性酸中毒、循环衰竭和休克。生理盐水 100～300 mL,20%安钠咖 2～5 mL;5% $NaHCO_3$ 20～150 mL;林格氏液 100～300 mL,地塞米松 2～20 mg,分别静脉注射,先超速输注 30 min,以后平速输注,对严重病例具有抢救性治疗功效。

表 19-5 反刍兽过食谷物(豆类)中毒体格检查记录表

项目			投服前体格检查				投服后体格检查			
							投服谷物		投服豆类	
动物编号			1	2	3	4	1	2	3	4
体重/kg										
体温/℃										
呼吸数/(次/min)										
脉搏数/(次/min)										
精神状况、体格营养										
可视黏膜色泽										
脱水指标(鼻汗、眼球凹陷、皮肤弹性)										
一般消化功能(饮食欲、反刍)										
排粪及粪便感官检查										
瘤胃检查										
循环系统检查										
呼吸系统检查										
泌尿系统检查										
其他										
实验室检查	瘤胃液	pH								
		纤毛虫数量								
		纤毛虫活力								
	血液	PCV								
		pH								
		CO_2-CP								
		血常规检查								
	粪	pH								
	尿	pH								
	其他									

(1)补碱量的确定。应根据 CO_2-CP 及尿 pH 监测：

需补 5% $NaHCO_3$ 的量(mL)＝(正常 CO_2-CP－病例 CO_2-CP)×0.5×体重(kg)×100

例如，一只体重 25 kg 的山羊，测得 CO_2-CP 为 50%(CO_2-CP 正常值为 60%)

需补 5% $NaHCO_3$ 的量(mL)＝(60%－50%)×0.5×25×100＝125(mL)

临床上，一般首次用 50～75 mL，隔 6～12 h 重复应用 50～100 mL，直至尿液

pH 大于 6.6 时终止补碱。

(2)补液量应根据脱水程度而定，一般以 PCV 值监测。

2.尽快排除瘤胃内的酸性物质，防止继续产酸

(1)瘤胃冲洗。国内外推荐作为首要的急救措施，尤其适用于急性病例，疗效卓著，早期应用，立竿见影。

用双胃管(国外)或粗胃管(国内)，插入胃中，排除液状内容物，然后反复冲洗瘤胃(洗液：1%食盐水、2% $NaHCO_3$ 水、1∶5 石灰水)，直至瘤胃内容物无酸臭味而呈中性或弱碱性为止。

(2)灌服制酸药和缓冲剂。用 $Mg(OH)_2$ 或 MgO 或 $NaHCO_3$ 5～30 g 或碳酸盐缓冲合剂(干燥 Na_2CO_3 150 g，$NaHCO_3$ 250 g，NaCl 100 g，KCl 40 g)10～50 g，常水适量，一次灌服。

(3)行瘤胃切开术，取出酸性瘤胃内容物。

3.恢复胃肠功能及对症处置

(1)投服健康羊瘤胃液。

(2)增强植物性神经机能，促进糖代谢，用 5%维生素 B_1 2 mL 2～3 支。

(3)增强机体解毒机能，用 25%维生素 C 2 mL 2～3 支。

(4)脱水症状缓解仍不能站立，应用静脉补钙，10%葡萄糖酸钙 10～50 mL 或 5% $CaCl_2$ 5～10 mL。

(5)伴发蹄叶炎，用抗组胺药物：盐酸异丙嗪或苯海拉明。

(6)防止继发感染，用广谱抗菌药。

(三)过食豆类中毒病例救治要点

(1)最有效而实用的急救措施。冷水反复洗胃，或取 5%醋酸 20～40 mL，加冷水 1～3 L，一次灌服。然后投入健康羊瘤胃液。

(2)防脱水，缓解碱中毒。取 5% 糖盐水 200～500 mL，5%维生素 B_1 4～10 mL，25%维生素 C 4～10 mL，20%安钠咖 2～40 mL，静脉注射；可加入 10%葡萄糖酸钙 10～50 mL，20%$Na_2S_2O_3$ 5～10 mL。

(3)恢复胃功能。

(4)对症。用水合氯醛镇静、鱼石脂制酵等。

八、分析讨论

(1)学生分组讨论反刍兽过食谷物(豆类)中毒的原因及机理。

(2)临床上发生疑似反刍兽过食谷物(豆类)的中毒病例，询问病史的要点。

(3)反刍兽过食谷物(豆类)中毒病例体格检查的要点。

(4)针对反刍兽过食谷物(豆类)中毒的病例,提出必要的临床辅助检查项目,说明每项检查的目的。

(5)由老师结合病例的实际情况以提问的方式诱导学生讨论。

①学生概括本病例的临床诊断要点。

②本病的鉴别诊断:反刍兽过食谷物中毒与瘤胃积食、真胃炎、肠炎的鉴别。反刍兽过食豆类中毒与脑炎、霉玉米中毒等有明显神经症状的疾病的鉴别。

③治疗讨论:结合本病例,讨论反刍兽过食谷物(豆类)中毒的不同临床病型病例救治的方法,药物及其作用机理。

④如何预防反刍兽过食谷物(豆类)中毒。

九、作业

详细记录诊疗过程,写出本病例的诊疗实验报告。

十、思考题

(1)反刍动物发生过食谷物(豆类)中毒的主要原因是什么?

(2)反刍动物发生过食谷物(豆类)中毒的主要诊断依据是什么?

(3)反刍动物发生过食谷物中毒和豆类中毒的病理发生机制有何区别?

实验二十　动物有机磷农药中毒病理模型复制与诊疗

一、实验目的与要求

(1)通过有机磷农药中毒病理模型的复制,掌握动物有机磷农药中毒的原因。

(2)掌握动物有机磷农药中毒的临床表现及诊断要点。

(3)掌握动物有机磷农药中毒的治疗原则和治疗措施,从而掌握动物中毒病的一般救治方法。

(4)掌握有机磷农药的简易定性检验方法。

(5)掌握中毒病病例报告格式。

实验学时:3～6 学时。

二、实验材料准备

1. 实验动物

家兔 20 只或其他动物(犬或羊或牛或猪)若干头(4 头以上)。

2. 实验材料

有机磷农药(10％敌百虫溶液),动物开口器,胃导管,动物笼舍,一次性塑料注射器(20 mL,10 mL,5 mL 各若干),一次性输液针头若干,阿托品、解磷定、维生素 C、10％葡萄糖注射液、生理盐水等若干,配套的毒物检验器材。

三、实验步骤

(一)动物分组

以家兔为实验动物,每班分为 5 个组,每组 4 只家兔,其中 1 只作为空白对照,3 只按不同剂量胃管投服有机磷农药。若以其他动物为实验动物,全班为一个组,其中 1 只作为空白对照,3 只按不同剂量胃管投服有机磷农药,条件许可,亦可增加实验动物进行分组实验。

(二)投服有机磷农药前体格检查

(1)动物分组编号,称体重。

(2)测定体温、脉搏数、呼吸次数。

(3)观察精神状态,瞳孔大小,可视黏膜色泽,有无流涎、出汗现象,有无呼吸困难、咳嗽、流鼻液,饮食欲情况,单胃动物有无呕吐、排粪及粪便状况,排尿状况。

(4)进行各系统检查,重点听呼吸音、心音及胃肠蠕动音,反刍动物反刍功能及瘤胃检查。

(三)病理模型复制

实验动物进行确实保定,安装开口器,插入胃管,在确定胃导管确实插入食道后,根据动物品种、体重不同,用注射器抽取相应剂量的有机磷农药(10%敌百虫),注入胃导管中,并注入适量空气或生理盐水,以保证药物完全注入食道或胃中,抽出胃管,取下开口器。同时记录投毒时间,随后观察动物的表现。

投服有机磷农药(敌百虫)剂量可参考表 20-1。

表 20-1 每千克体重的动物投服有机磷农药(敌百虫)的参考剂量 mL

动物品种	投服 10%敌百虫/(mL/kg 体重)			投服生理盐水/(mL/kg 体重)	中毒参考剂量
	1 组	2 组	3 组	4 组(对照)	/(mL/kg 体重)
家兔	7.5	10	15	10	500～1 100
羊	1.5	2	3	2	100～200
牛(犊牛)	1.2	1.6	2.4	1.6	75(100)
猪	6	8	12	8	350～466
马	0.75	1	1.5	1	50～100

(四)临床检查

投服敌百虫后,定期观察动物的表现和进行临床检查,并详细记录检查结果。重点观测内容见表 20-2。

动物有机磷农药中毒后主要临床表现:

(1)接触毒物后几分钟至数小时突然发病(皮肤吸收需 4～6 h 发病;呼吸道、消化道吸收数分钟至 2 h 发病)。

(2)毒蕈碱样症状。大量流涎,口角有白色泡沫;瞳孔缩小,视力减弱或消失;呕吐不止(犬、猫),胃肠亢进,排粪次数增多、腹泻;由于肺水肿而呼吸困难,肺部湿啰音;体温不升高,出冷汗。

(3)烟碱样症状。眼肌震颤、骨骼肌痉挛(从眼睑、颜面开始,逐步到颈部,再发展到躯干),甚至角弓反张(尤其是小动物)。

(4)神经系统症状。先兴奋不安,后高度抑制。心动过速,全身无力,行走蹒跚,倒地昏迷。

根据临床观察，各种动物中毒表现上有所不同：

(1)牛。大量流涎和流鼻涕；腹泻，粪便带血，呈稀糊状或呈水泻；呼吸困难明显，咳嗽，黏膜发绀，同时痛苦呻吟，眼球震颤；出冷汗，四肢末端厥冷；沉郁，甚至昏迷，病情恶化，多表现麻痹，窒息而死。

(2)羊。症状与牛相似；兴奋、狂躁不安、共济失调等神经症状更明显。

(3)猪。流涎更明显；眼肌震颤、骨骼肌痉挛；通常无腹泻，呼吸困难不明显。

(4)犬、猫。大量流涎，口角有白色泡沫；瞳孔缩小，视力减弱或消失；呕吐；腹泻；肺水肿而呼吸困难；体温不升高，出冷汗；眼肌震颤，骨骼肌痉挛，角弓反张。

(5)家兔。流涎；呼吸增快；瞳孔缩小；肌肉震颤，倒地抽搐，角弓反张，嘶叫明显，而后步态踉跄；腹泻，尿失禁。

表 20-2　有机磷农药中毒体格检查记录表

项　目	投服有机磷农药前				投药后			
					投服敌百虫			投生理盐水
动物编号	1	2	3	4	1	2	3	4
体重/kg								
体温/℃								
呼吸数/(次/min)								
脉搏数/(次/min)								
精神状况								
瞳孔大小								
可视黏膜色泽								
流涎及出汗								
一般消化功能								
排粪及粪便状况								
胃肠检查								
呼吸系统检查								
循环系统检查								
排尿及尿液检查								
肌肉震颤								
其他								

(五)实验室检验

1.样品的采取及处理

(1)样品的采取。有机磷农药中毒时,最适宜的检样:若经消化道引起的中毒,生前可取病畜的呕吐物,洗胃时第一次导出液,血液,有些有机磷农药(敌百虫、对硫磷、甲基对硫磷等)中毒时,还可取尿液,死后可取胃及胃内容物、血液、肝脏;此外还可取病畜吃剩的饲料或饮水。若经呼吸道引起的中毒,可取呼吸道分泌物、血液、肺脏及肝脏。若因污染了皮肤而引起中毒,可取被污染部位的皮肤及皮下组织、血液和肝脏。

(2)提取与分离。有机磷农药绝大多数是脂溶性毒物,易溶解在有机溶剂中。但不同的有机磷农药的极性强弱不同,敌百虫、敌敌畏、乐果、磷胺、久效磷等属于极性强的有机磷;3911、1240等属于弱极性有机磷;而1605、1059等属于中等极性有机磷。提取时原则上极性强的有机磷,用强极性的有机溶剂提取。极性弱的有机磷用极性弱的有机溶剂提取。但由于检验前很难确定是哪种农药引起的中毒,所以通常用苯、氯仿、二氯甲烷、丙酮、乙醇等,可将绝大多数有机磷农药提取出来。但由于丙酮和乙醇能从生物样品中带出多量杂质,特别是色素,干扰检验结果,故较少应用。比较常用的是氯仿和苯。

有机磷农药在碱性溶液中易水解,有些有机磷农药具有挥发性,因此一般应在中性或弱酸性条件下提取。在浓缩时,温度不宜过高,应控制在60℃以下。根据检样的种类不同,农药的性质不同,常采用下述方法进行提取。

①挥发性强、沸点低的有机磷农药的提取:可用水蒸气蒸馏法提取。收集馏液50～100 mL于分液漏斗中,再用有机溶剂提取分离,用无水硫酸钠脱水,挥发至近干时供检。

②固体检样的提取:取被检样适量于带塞三角瓶中,加氯仿或苯浸泡,并不断振摇,1 h后过滤,收滤液于蒸发皿中,残渣用氯仿或苯洗2次,合并洗液于蒸发皿中,在60℃以下水浴上蒸发近干,供检。

③半固体检样的提取:取被检样适量于乳钵中,加适量无水硫酸钠,研磨成砂粒状,移入带塞三角瓶中,按固体检样的提取方法进行提取。

若检样中含水分较多,用无水硫酸钠不易磨成细砂粒状,可取检样适量于带塞三角瓶中用丙酮或乙醇等亲水性溶剂提取、过滤,滤液用2%硫酸钠溶液稀释5～6倍(以降低有机磷在水中的溶解度),然后用正己烷在分液漏斗中振摇提取,分出正己烷于蒸发皿中。再向分液漏斗中加适量氯仿,振摇提取,将氯仿层合并于蒸发皿中,在不超过60℃的水浴上挥发近干,残渣待检。

④液体检样的提取:若检样是水或尿液,可取适量置于分液漏斗中,加氯仿或苯振摇提取,分出氯仿或苯于蒸发皿中,再重复提取 1～2 次,合并提取液,在不超过 60℃的水浴上蒸发近干,待检。

以上各种检样提取所得提取液,如果有 K. D 浓缩器(图 20-1),最好用 K. D 浓缩器浓缩,既可减少被检物的损失,回收溶液,又可避免溶剂挥散时对环境污染。

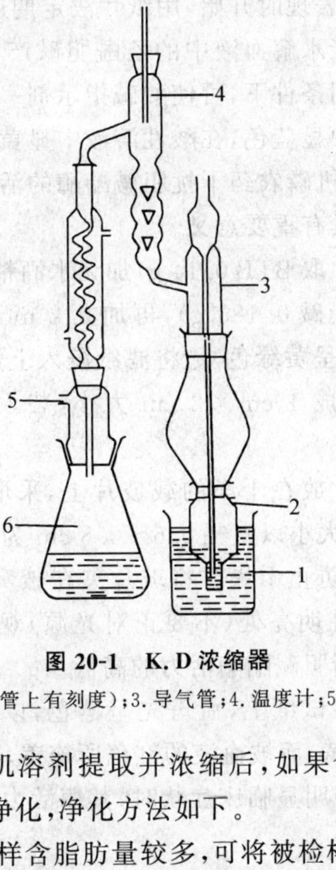

图 20-1　K. D 浓缩器

1. 水浴加热;2. 蒸馏瓶(尾管上有刻度);3. 导气管;4. 温度计;5. 接减压装置;6. 接收器

(3)净化。被检样经有机溶剂提取并浓缩后,如果含杂质较少,可直接检验。若含杂质较多,则需进一步净化,净化方法如下。

①液-液分配法:若被检样含脂肪量较多,可将被检样磨碎,取适量于带塞三角瓶中,加乙腈浸提 3 次,合并乙腈液于大分液漏斗中,加 6 倍量的 2%硫酸钠溶液,混合后加正己烷振摇提取 2～3 次,再加氯仿提取 2～3 次,合并提取液,用 K. D 浓缩器浓缩或置于蒸发皿中,在 60℃以下的水浴上挥发至近干,待检。

②吸附柱层析法。常用吸附剂为中性氧化铝和活性炭。吸附柱为内径 1.5 cm,长 30 cm,下端带活塞的玻璃柱(可用滴定管代替),底部放置少许脱脂棉,然后细心地装入高 1.8 cm 的无水硫酸钠层,再填充中性氧化铝 10 g 与活性炭 0.5～1.0 g 的均匀混合物,最后再装入 1.8 cm 高的无水硫酸钠层。将提取浓缩

液缓缓滴入，用提取分离时同样的溶剂进行洗脱，收集洗脱液，经 K.D 浓缩器浓缩或直接挥发浓缩至近干，供检。

通过此法净化，可将提取物中的色素、脂肪、蜡质等基本除去，所得残渣比较纯净，不仅可用于薄层层析和化学方法检验，而且可用于气相色谱分析。

2. 血液胆碱酯酶活性测定——全血胆碱酯酶活性试纸测定法

当动物出现轻度中毒表现时开始，用纸片法定期进行血液胆碱酯酶活力测定。

(1)原理。胆碱酯酶能水解血液中的乙酰胆碱产生胆碱和乙酸。由于乙酸的生成，在适宜的温度及时间条件下，可使酸碱指示剂——溴麝香草酚蓝(BTB)的颜色发生改变(在碱性溶液中显蓝色，在酸性溶液中显黄色)，根据颜色变化可判断胆碱酯酶活力的高低。而有机磷农药干扰胆碱酯酶的活性，因此，测定血液胆碱酯酶活性，对有机磷农药中毒具有重要意义。

(2)试纸及纸片制备。取 BTB 0.14 g，加无水酒精 20 mL 溶解，再加溴化乙酰胆碱 0.23 g(或氯化乙酰胆碱 0.185 g)，再加 0.2 mol/L NaOH(约 0.57 mL)把 pH 调整到 6.8 左右(溶液呈黄绿色)。将滤纸浸入上述溶液中，待浸透后，取出避光晾干(应为橘黄色)，切成 1 cm×2 cm 大小，装入棕色瓶中备用，应防潮，防酸碱。

(3)操作。将上述纸片放在干净的载玻片上，采取病例耳尖血或静脉血一小滴，滴于纸片的中央，血斑大小以直径 0.6～0.8 cm 为宜。立即盖上另一块载玻片将血压平，用橡皮筋绑紧，防止干燥。将玻片夹在腋窝下或者放在 35℃以上的室温内放置 20 min，然后放在明亮处(不要正对光源)观察血滴中心部的色调变化。根据试纸颜色的变化，判断胆碱酯酶活力的高低。

(4)结果。当血液滴在试纸上，血斑先呈蓝色，以后逐渐由蓝变红，因为血液 pH 为 7.4，指示剂逐渐变黄，而被血液的红色所掩盖，因而观察呈红色。一般情况下，在有机磷农药中毒出现明显临床症状时，其酶活力降到 50%左右，判定指标见表 20-3。

表 20-3　胆碱酯酶活力试纸测定法近似判断表　　%

色调变化	红色或红紫色	紫色或紫红色	深紫色	蓝色或黑灰色
胆碱酯酶活力	100～80	60	40	20

(5)注意事项。应做正常血液对照；如纸片加正常血液不变蓝，经 30 min 不变红，说明纸片已经失效；观察结果应该看第二圈的颜色；如果 10 min 后观察结果，其相对活力应该修正为：60%相当于 100%，40%相当于 60%，20%相当于 30%。

3.全血胆碱酯酶活性的分光光度测定方法——羟胺三氯化铁法

(1)实验原理。在一定温度、pH 条件下,酶的反应速率与酶的量、反应速率以及作用时间呈近似的线性关系。血液胆碱酯酶使乙酰胆碱分解为胆碱和乙酸。通过测定所加入乙酰胆碱在胆碱酯酶作用下减少的量,就可得知胆碱酯酶活力的水平。未经胆碱酯酶水解而剩余的乙酰胆碱与羟胺作用生成乙酰羟胺,乙酰羟胺酸性条件下与三氯化铁($FeCl_3$)作用生成红色羟肟酸铁络合物,其颜色深度与剩余乙酰胆碱的量成正比,在波长 520 nm 比色定量,由水解的乙酰胆碱的量计算胆碱酯酶活性。

(2)试剂与器材。

①材料:肝素抗凝全血。

②仪器:分光光度计,10 mm 比色杯 4 个,10 mL 试管若干,试管架,普通漏斗, 滤纸,铁架台,恒温水浴箱(37℃),血色素吸管(有 20 μL 刻度)或 50 μL 移液枪配枪头,1 mL, 2 mL,5 mL 移液管。

③试剂。

a.实验用水:蒸馏水或具同等纯度的去离子水。

b.盐酸:分析纯。

c.139 g/L 盐酸羟胺溶液:称取 13.9 g 盐酸羟胺,溶于蒸馏水后稀释 100 mL。室温高于 30℃时,应置于冰箱内。

d.140 g/L NaOH:称取 14 g NaOH,加蒸馏水溶解至 100 mL。

e.碱性羟胺溶液:临用前 20 min 将 139 g/L 盐酸羟胺溶液和 140 g/L 氢氧化钠溶液等体积混合。

f.磷酸盐缓冲液(pH=7.20):准确称取磷酸氢二钠($Na_2HPO_4 \cdot 12H_2O$)8.36 g 和磷酸二氢钾(KH_2PO_4)1.36 g,用水溶解并稀释到 500 mL,保存在冰箱内。

g.10%三氯化铁溶液:称取 10 g 三氯化铁($FeCl_3 \cdot 6H_2O$),加 0.84 mL 浓盐酸和 10 mL 蒸馏水,待全部溶解后加蒸馏水到 100 mL。贮存于棕色瓶中。

h.氯化乙酰胆碱标准液:精确称取氯化乙酰胆碱 1.271 6 g,用磷酸盐缓冲液溶解,并稀释到 100 mL,此溶液 1 mL 相当于 70 μmol 乙酰胆碱,为储备液。临用前,取此溶液用磷酸盐缓冲液稀释 10 倍,此溶液 1 mL 相当于 7 μmol 乙酰胆碱,为应用液。

i.盐酸溶液(1+2):1 体积浓盐酸与 2 体积水相混合。

(3)采样、运输和保存。

①用血色素吸管,取耳垂血 20 μL,注入比色管中(事先加入 0.98 mL 磷酸盐缓冲液),立即进行测定。

②如不能立即测定，可静脉取血 0.5 mL，注入玻璃管中(含肝素或草酸钾抗凝剂)，混匀。于保温瓶中加冰运送，置于 4℃冰箱中可保存 1 周。

(4)分析步骤。样品测定按表 20-4 进行。

表 20-4　全血胆碱酯酶测定操作步骤　　mL

溶液	样品管	对照管	标准管	空白管
磷酸盐缓冲液	0.98	0.98	1.0	1.0
混匀全血	0.02	0.02	—	—
置 37℃水浴中预热 5 min				
乙酰胆碱应用液	1.0	—	1.0	—
水	—	1.0	—	1.0

置 37℃水浴中反应 30 min，准时取出，各管加入 4.0 mL 碱性羟胺溶液，充分振摇 2 min，加盐酸溶液 2.0 mL，充分振摇 2 min，再加入 10%三氯化铁溶液 2.0 mL，充分振摇，用滤纸过滤除蛋白后，转入 2 cm 比色管，以试剂空白为参比(以空白管为 0)在波长 520 nm 处测吸光度。然后按公式计算胆碱酯酶活性。如同时分析大批样品，可采用标准曲线法求出胆碱酯酶活性绝对值。

(5)计算。

①公式计算法：按式 20-1 计算酶活性的绝对值。

$$X_s=\frac{C+B-A}{C}\times 7 \tag{20-1}$$

式中：X_s——水解乙酰胆碱的浓度，mol(0.02 mL，37℃，30 min)；

A——以试剂空白为参比的在波长 520 nm 处样品管的吸光度值；

B——以试剂空白为参比的在波长 520 nm 处对照管的吸光度值；

C——以试剂空白为参比的在波长 520 nm 处标准管的吸光度值。

②标准曲线法：被水解乙酰胆碱的吸光度$=C-(A-B)$。

被水解乙酰胆碱的吸光度查乙酰胆碱标准曲线，得相应的被水解乙酰胆碱(μmol)。此值是 0.02 mL 血液在 37℃ 30 min 反应条件下，胆碱酯酶的活性绝对值。

(6)注意事项。

①使用的玻璃器皿洗净后，在酸缸中浸泡 24 h，用水冲洗干净后，再用蒸馏水洗 3 次，干燥后备用。

②加碱性羟胺时，必须严格掌握振摇时间，使其充分反应，否则会影响结果。

③加三氯化铁显色后，棕红色铁络合物易褪色，必须控制在 20 min 内比色完毕。若大批样品分析时，可分批加入三氯化铁溶液，否则会有较大误差。

④滤液一定要澄清，如果出现混浊，会使吸光度升高，而使胆碱酯酶活性偏低。

⑤氯化乙酰胆碱基质不太稳定，每次测定需做标准管。标准管读数在同一比色计上应保持恒定或仅有较小的变动。

4. 有机磷农药的鉴定——薄层层析检测法

(1)试剂。

①吸附剂：硅胶 G 或硅胶 CMC 硬板、氧化铝软板(用时自制)。

②展开剂：环己烷∶丙酮 (4∶1)；环己烷∶氯仿 (1∶1)；石油醚∶丙酮 (4∶1)；苯∶丙酮 (9∶1)；苯∶环己烷 (4∶1)；苯∶石油醚∶丙酮 (7∶2∶1)。

③显色剂：

a. 硫代磷酸酯显色剂。溴酚蓝-醋酸溶液：溴酚蓝试剂(溴酚蓝 0.1 g 溶于丙酮 10 mL 中)，再用 10%硝酸银丙酮(丙酮∶水＝1∶3)液稀释至 100 mL 5%醋酸水溶液。

0.5%氯化钯溶液：氯化钯 0.5 g，溶于 10%盐酸中并稀释至 100 mL。

二氯苯醌氯亚酰胺溶液：0.5%二氯苯醌氯亚酰胺乙醇溶液；5%溴-四氯化碳溶液。

刚果红溶液：刚果红 0.4 g，溶于 50%乙醇 100 mL 中。

以二氯苯醌氯亚酰胺溶液较好，少受杂质干扰。

b. 多卤代烃有机磷显色剂。间苯二酚氢氧化钠溶液：1% 间苯二酚溶液，5%氢氧化钠溶液，用时上述两种溶液等量混合。

0.5%磷甲联苯胺乙醇溶液。

(2)方法。

①展开：将检样提取液用直接点样法点于薄层板的起始线上，硬板可采用上行展开法展开，软板可采用近水平上行展开法展开。

②显色：展开后的硬板取出放于通风橱中，待溶剂挥干后显色。软板取出后应立即显色。可用以下显色法之一显色。

a. 二氯苯醌氯酰亚胺-溴显色：将薄层板喷以二氯苯醌氯酰亚胺溶液，稍干，置于事先放有 5%溴-四氯化碳溶液 5～10 mL 的展开槽内，用溴蒸气熏 0.5～1 min。若含有对硫磷、甲基对硫磷、杀螟松和倍硫磷时，显红色斑点；内吸磷斑点显黄色；其他含硫有机磷化合物显橙红色。背景无色。

b. 溴酚蓝-醋酸显色：将挥干溶剂后的薄层板喷以溴酚蓝溶液，即显均匀的蓝色，立即放入 60～80℃烘箱中加热 5～10 min。再喷 5%醋酸溶液至背景呈浅黄色，若有含硫有机磷存在，即显蓝色斑点。当含量高时，色斑中心呈黄色，外围呈蓝色。

c. 氯化钯显色：将薄层板喷以 0.5%氯化钯溶液，若含有机磷化合物，立即显出黄色或棕色斑点，背景无色。对硫磷、甲基对硫磷、杀螟松需在 100℃烘箱中加热 20 min 才能显色。

d. 溴-刚果红显色：将挥干溶剂的薄层板置溴蒸气缸口熏半分钟，取出，挥散多余的溴，再喷以刚果红溶液，若含有有机磷化合物显蓝色斑点，背景显桃红色。

e. 间苯二酚-氢氧化钠显色：将薄层板喷以间苯二酚-氢氧化钠溶液，稍加热，若含有敌敌畏、敌百虫、二溴磷等含多卤代烃有机磷化合物显红色斑点，背景无色或污绿色，其他有机磷化合物不显色（氯醛和水合氯醛也可显红色斑点，必须注意）。

f. 邻联甲苯胺显色：将薄层板喷以 0.5%邻联甲苯胺溶液，再置紫外线下（或阳光下）照射，若含有多卤代烃有机磷显黄色或蓝色（敌敌畏、敌百虫）斑点。背景无色或淡黄色。

③常见有机磷农药的 R_f 值见表 20-5。

表 20-5 常见有机磷农药薄层层析 R_f 值（硅胶 G 硬板）

农药名	环己烷：丙酮（4：1）	环己烷：氯仿（1：1）	苯：环己烷（4：1）	苯：石油醚：丙酮（7：2：1）	石油醚：丙酮（4：1）
敌百虫	0.24	0.09	0.00	0.40	
敌敌畏	0.25	0.30	0.10	0.42	
乐果	0.07	0.00		0.10	0.14
对硫磷	0.55	0.46	0.62	0.88	0.55
甲基对硫磷	0.39	0.37	0.46	0.82	0.45
内吸磷	0.30，0.72	0.57，0.59	0.03，0.56	0.41，0.89	0.64
三硫磷	0.72	0.56，0.66，0.85	0.85，0.91	0.96	0.70
甲拌磷	0.31，0.77	0.62	0.65	0.96	0.75
亚胺硫磷	0.27，0.58	0.22，0.52	0.16，0.60	0.80	0.25
马拉硫磷	0.36	0.22，0.54，0.63	0.15	0.68	0.51
杀螟松	0.44	0.40	0.52	0.84	0.45
双硫磷	0.33	0.35	0.39	0.77	
辛硫磷	0.55	0.55	0.72	0.91	0.59

注：用溴-刚果红法显色时，检样必须经过净化，否则脂肪也能显色；溴要除尽，以免背景也呈蓝色。

5. 个别有机磷农药的简易定性化学检测

用检验方法 2、3、4 基本可以确定有无有机磷农药中毒。但当没有薄层层析条件时或薄层层析的结果难以确定时，可用化学方法确定有无有机磷农药和属于哪类有机磷农药。

(1)含硝基苯的有机磷酸酯类农药（对硫磷、甲基对硫磷、杀螟松等）的检验——靛酚反应。

①原理：对硫磷经水解产生对硝基酚，可还原成对氨基酚，对氨基酚又与邻甲酚作用，生成靛酚，在碱性条件下呈蓝色。

②试剂：10%氢氧化钠溶液，锌粉，邻甲酚饱和溶液（取邻甲酚 1 mL，加水至 100 mL，使用时充分振摇）。

③操作：取检样提取液 2 mL，加 10%氢氧化钠溶液 0.5 mL，锌粉 0.5 g，充分振摇，在水浴上加热至黄色褪去，沿管壁缓缓加入邻甲酚饱和溶液 0.5 mL，如有含硝基苯的有机磷酸酯类农药存在时，呈现蓝色环，振摇后全部变蓝，若含量低或还原不完全时，反应结果仅显绿色。

(2)含硫有机磷酸酯类农药的检验——亚硝基铁氰化钠反应。

①原理：含硫有机磷酸酯类农药[内吸磷(1059)、甲拌磷(3911)马拉硫磷(4049)、乐果、1240 和 M-81 等]经水解均能生成硫醚（硫醇）化合物，进一步与亚硝基铁氰化钠反应，在酸性条件下生成红色化合物。

②试剂：10%氢氧化钠溶液，6 mol/L 盐酸，1%亚硝基铁氰化钠溶液（用时现配）。

③操作：取苯或氯仿提取浓缩液 2 mL，自然挥干，加蒸馏水 2 mL 溶解，移入小试管中，加 1%亚硝基铁氰化钠溶液 1～2 滴，10%氢氧化钠溶液 5 滴，置 25～35℃水浴中加热 1～2 min，取出放冷，沿管壁逐滴加入 6 mol/L 盐酸 5～6 滴，如有能水解成硫醚（硫醇）的有机磷酸酯类农药存在时，在二液接触面出现红色环，轻轻振摇溶液即全部变红。

④说明：a. 要严格控制加热的时间和温度。若温度过高，时间过长，酸化后会呈蓝色或蓝绿色。若温度不够或时间不足，则不起反应。b. 加亚硝基铁氰化钠的量不可过多，否则影响正常色泽。c. 含量低时只在接触面出现浅红色环，振摇后色泽不明显，故加酸后不要急于振摇。

(3)含多卤代烃磷酸酯类农药（敌百虫、敌敌畏、二溴磷）的检验——间苯二酚反应。

①材料采取及处理：取胃内容物 50 g，加适量水搅拌浸渍 20 min，过滤，滤液备用。

②原理:敌百虫、敌敌畏在碱性溶液中水解成二氢乙醛,后者与间苯二酚反应,生成红色化合物。

③试剂:2%间苯二酚乙醇溶液,10%氢氧化钠溶液。

④操作:取定性滤纸一片,滴加检样提取浓缩液一小滴,散开后加10%氢氧化钠溶液1滴,稍干,再加1%间苯二酚乙醇溶液1滴,充分散开后,在电炉上直火加热(或用电吹风机的热风吹),如果有敌敌畏或敌百虫,在斑点周围出现一粉红色圈。其中敌敌畏比敌百虫显色快。

⑤注意事项:醛类化合物对本反应有干扰,也可呈红色圈,若将氢氧化钠改用碳酸钠,并改在试管中进行检验,可加以区别。具体操作为取检样提取液2 mL于试管中,加碳酸钠粉末0.1 g在水浴上加热,使其呈饱和溶液,再加间苯二酚乙醇溶液1滴,再置水浴上加热,若呈红色表明含有敌敌畏或敌百虫(醛类化合物呈黄红色)。

以上仅介绍了3类有机磷农药的定性检验方法 如需进一步确定为何种农药,可查阅有关毒物检验资料。有关含量测定,除用常规的化学方法测定外,目前较先进的测定方法是薄层扫描法和气相色谱法。

四、诊断要点

(1)病史。

(2)胆碱能神经兴奋效应的典型临床症状。

(3)全血胆碱酯酶活力测定。

(4)毒物检验结果。

(5)阿托品治疗诊断。常规剂量阿托品(0.05 mg/kg体重)皮下或肌肉注射,30 min内,若动物心率不加快,原心率加快的反而减慢,毒蕈碱样症状减轻者为有机磷中毒;若很快出现口干、瞳孔散大、心率加快等则不是有机磷中毒。

五、急救方案

(1)在观察动物中毒表现阶段,由学生提出治疗方案,写出治疗处方。

(2)当出现有机磷农药中毒的典型症状后,开始进行急救。

(3)记录开始救治的时间,用药情况以及救治后症状改善情况和结果。

治疗参考方案

1.特效解毒药——胆碱酯酶复活剂和乙酰胆碱对抗剂联合疗法

(1)乙酰胆碱对抗剂。大剂量硫酸阿托品,是M受体阻断剂。其剂量为(mg/kg

体重)：牛 0.25，其他动物 0.5～1，皮下或肌肉注射；严重病例用 1/3 加入葡萄糖溶液缓慢静脉注射，2/3 皮下或肌肉注射，隔 1～2 h 症状不减轻，再半量复用一次，直到阿托品化(流涎和出汗停止、口腔干燥、瞳孔散大、心跳加快)。以后每隔 3～4 h 用常规剂量阿托品巩固疗效。

(2)胆碱酯酶复活剂。解磷定(PAM、碘磷定)、氯磷定(2-PAMCI)、双解(复)磷。

其解毒机理是解磷定能和磷酰化胆碱酯酶的磷原子结合，形成磷酰化解磷定，从而游离出胆碱酯酶，使其恢复活性(越早越好)。

马、牛每千克体重 20 mg，其他动物每千克体重 50～100 mg，加入生理盐水溶液，配成 2.5%～5%静脉注射。

2. 除去尚未吸收的毒物

(1)经皮肤沾染中毒。洗涤皮肤，可选用 5%石灰水、草木灰水、0.5%食盐水或肥皂水(但敌百虫中毒不宜碱洗，因为敌百虫遇碱起反应变成敌敌畏，增加吸收，毒性增强 10 倍)。

(2)经消化道中毒。2%～3%小苏打液或食盐水洗胃，并灌服活性炭，亦可泻下，用硫酸钠(因为硫酸镁抑制呼吸)催吐时禁用吗啡、琥珀酸胆碱。

(3)泻下、利尿等。

3. 强心、健胃等

阿托品用量过多可引起胃肠功能障碍。且治疗(用阿托品)后应停饲或仅给予流体饮料，由于食道麻痹可造成误咽或梗阻。

六、分析讨论

(1)学生分组讨论有机磷农药中毒的可能原因和途径、中毒的机理。

(2)临床上发生疑似有机磷农药中毒病例，询问病史的要点。

(3)有机磷农药中毒病例体格检查的要点。

(4)有机磷农药中毒病例，提出必要的临床辅助检查项目(除敌百虫外的其他有机磷农药中毒的简易定性检验)，说明每项检查的目的。

(5)由老师结合病例的实际情况以提问的方式诱导学生讨论：

①学生概括本病例的临床诊断要点。

②本病的鉴别诊断：中毒性疾病与其他群发性疾病(传染病、寄生虫疾病、营养代谢病)的鉴别；有机磷农药中毒与其他常见中毒病的区别。

③治疗讨论：结合本病例，讨论不同途径中毒病例，临床救治的方法、药物及其

原理，尤其对特效解毒疗法的药物作用机理进行重点讨论。

七、作业

详细记录病例复制及诊疗过程，写出本病理模型复制及诊疗实习报告。

八、思考题

(1)常见的有机磷农药主要有哪些？

(2)有机磷中毒时，各种动物的临床表现是什么？

(3)动物发生有机磷中毒的主要诊断依据是什么？

(4)动物发生有机磷中毒时，常用哪些方法进行解毒和急救？

实验二十一 亚硝酸盐中毒病理模型复制与诊疗

一、实验目的与要求

(1)通过亚硝酸盐中毒病理模型的复制，理解动物亚硝酸盐中毒的病因和发病机理。

(2)掌握实验性亚硝酸盐中毒的临床表现和诊断要点。

(3)熟悉亚硝酸盐含量的定性和定量检验方法。

(4)掌握亚硝酸盐中毒的治疗原则和治疗方法。

实验学时：4～6 学时。

二、实验原理

通过口服或灌胃给动物摄入中毒剂量的亚硝酸钠，人工造成亚硝酸钠急性中毒模型。吸收入血后的亚硝酸根离子使血红蛋白中的二价铁(Fe^{2+})脱去电子而被氧化成为三价铁(Fe^{3+})，从而使正常的血红蛋白变为高铁血红蛋白，失去正常的携氧功能，造成全身组织细胞缺氧。同时亚硝酸盐具有扩张血管的作用，使末梢血管扩张，血压下降，外周循环衰竭，使组织缺氧进一步加剧，引起呼吸困难和神经机能紊乱。血液中高铁血红蛋白达到 20%～40%，出现中毒症状，达 60%～70%，则引起死亡。另外，进入消化道内的亚硝酸钠可刺激胃肠黏膜引起炎症，引起消化道症状。

三、实验材料准备

1. 实验动物

仔猪(也可根据实验条件选择鸡、鸭、羊或大鼠)若干头，根据学生人数分组，每组 3 头，分别灌服不同剂量的亚硝酸钠溶液，另设一组共用的对照组。

2. 实验药品

5%亚硝酸钠溶液，1%亚甲蓝，1%硫酸铜溶液，维生素 C 注射液，10%葡萄糖注射液，生理盐水。

3.仪器和用品

5 mL、10 mL 注射器若干,头皮针,静脉输液器,体温计,胃管,听诊器,天平(称重),道夫管若干(采血),分光光度计。

四、病理模型复制

1.中毒前体格检查

(1)动物分组、编号,称量体重。

(2)测定呼吸频率、心率和体温等生命体征。

(3)观察猪的精神状态、可视黏膜颜色、末梢血液颜色,排粪、排便状态,排尿状况,有无呕吐,有无呼吸困难、喘气、咳嗽等呼吸道症状,有无神经系统症状。

(4)各个器官系统的检查。根据需要做神经系统、呼吸系统、消化系统、心血管系统、泌尿系统等的系统检查。

2.中毒模型的建立

按照表 21-1 的参考剂量,用注射器给动物口服 5%亚硝酸钠溶液,或通过胃管投服,操作如下:实验动物确实保定并固定头部,安装开口器,正确插入胃导管,然后按照动物的体重,投服不同剂量的亚硝酸钠溶液,投服完毕注入适量生理盐水,以保证药物完全进入胃中。对照组投服等体积生理盐水。记录投服时间,随后密切观察动物的临床表现。

表 21-1 动物亚硝酸钠中毒投服剂量 mg/kg 体重

动物品种	投服 5%亚硝酸钠			投服生理盐水	中毒参考剂量	饲料中亚硝酸盐(以 $NaNO_2$ 计)允许量(GB 13078—2001)
	1 组	2 组	3 组	4 组(对照)		
猪	50	70	90	1.4	48~77(中毒量) 70~75(MLD)	≤15 mg/kg(配合饲料) ≤20 mg/kg(浓缩料)
鸡	100	150	200	3	150~225(MLD)	≤15 mg/kg(配合饲料) ≤20 mg/kg(浓缩料)
鸭	120	150	180	3	159(LD_{50})	≤15 mg/kg(配合饲料) ≤20 mg/kg(浓缩料)
羊	120	150	180	3	100(中毒量) 148(MLD)	≤20 mg/kg(精料补充料) ≤10 mg/kg(粗饲料)
牛	120	150	180	3	100(中毒量) 150~170(MLD)	≤20 mg/kg(精料补充料) ≤10 mg/kg(粗饲料)
大鼠	50	80	100	1.6	85(LD_{50})	

五、病史询问要点

动物饲养管理条件；发病是否迅速；发病率和死亡率；有无进食腐烂变质的蔬菜或存放、堆积过久的青绿饲料和块茎饲料的病史，反刍兽有无采食富含硝酸盐的植物性饲草或误饮富含氮肥水源的病史；发病动物表现出来的主要临床症状；畜主和当地兽医对疾病的判断以及治疗和用药情况，用药后动物症状改善情况；等等。

六、临床检查要点

急性亚硝酸盐中毒是动物采食了含有较大量的亚硝酸盐的食物后，在短期内引起的以高铁血红蛋白症为主的全身性疾病。临床检查应着重观察动物有无呼吸困难、张口呼吸等呼吸系统症状；有无皮肤黏膜发绀、血液变褐等缺氧症状；有无流涎、呕吐、腹泻等消化道症状；病猪有无嚎叫、倒地、四肢呈游泳样动作等典型神经症状。

各种动物亚硝酸盐中毒的主要临床表现如下。

(1)猪。大多在饱食含亚硝酸盐的饲料后 15～30 min 突然发病，同群的猪只同时或相继发生，故有饱潲病或饱潲瘟之称。病畜不安，流涎，腹痛，腹泻，高度呼吸困难，可视黏膜呈蓝紫色，血液黏稠呈酱油色，体温偏低，耳、鼻、四肢甚至全身厥冷，心跳急速，兴奋不安，步态蹒跚，不久倒地昏迷，四肢划动，肌肉痉挛，抽搐，窒息死亡。

(2)牛。采食外源性亚硝酸盐者多在半小时左右发病，采食过多含硝酸盐饲料形成的内源性中毒，多于半天左右出现症状。病牛表现精神沉郁，凝目呆立，步态蹒跚，肌肉震颤，呼吸促迫，心跳加快，可视黏膜发绀，流涎，瘤胃高度迟缓，鼓气，腹痛，腹泻。血液黏稠呈酱油色。严重时耳、鼻、四肢厥冷，脱水，卧地不起，四肢划动，全身痉挛挣扎而死亡。存活的妊娠母牛发生流产。

(3)鸡。精神委顿，呆立，嗉囊膨大，质软，食欲减少或拒食。站立不稳，两翅下垂，口腔内黏液增多，口黏膜、冠、髯发绀，呼吸困难，甚至张口喘息。体温正常，最后常窒息死亡。

七、实验室检查

1. 剩余饲料、呕吐物或胃内容物中亚硝酸盐的定性检验

(1)检材及处理。亚硝酸盐为水溶性毒物，故剩余饲料、呕吐物或胃内容物等检材可用水浸法或透析法处理，取滤液或透析液作检液。

(2)格利斯反应(灵敏度 1∶5 000 000)。见实验十四。

(3)联苯胺-冰醋酸反应(灵敏度 1∶400 000)。见实验十四。

(4)安替比林反应(灵敏度 1∶10 000)。见实验十四。

2.亚硝酸盐中毒现场快速诊断法

样品采集和处理:现场用棉签采集眼液,血清,血浆,血滤液,胸、腹、心包腔液,胃肠内容物(水分),尿液等。

测定方法:

(1)原理。亚硝酸盐在酸性条件下与对氨基苯磺酸反应,生成重氮化合物,再与甲-萘胺作用生成洋红色的物质。

(2)试剂。偶氮试剂:

甲液:取无水对氨基苯磺酸 0.2 g,10%冰醋酸 50 mL,稍加热并搅拌至溶解,置棕色瓶中保存。

乙液:取甲-萘胺 0.1 g,10%冰醋酸 50 mL,加热并搅拌至溶解,滤纸过滤,置棕色瓶中。临用前将甲、乙两液等量混合(混合液的量,视用量多少而定)。

(3)操作。以棉签在眼结合膜囊内擦拭数次,以吸附泪腺分泌物;或蘸吸血清、血浆、血滤液、胸、腹、心包腔液、胃肠内容物中的水分、尿液等。然后向棉签上滴加混合好的偶氮试剂 1～2 滴,5 min 后观察颜色反应,如出现洋红色为阳性反应,呈现的深浅可大致反映检材中 NO_2^- 含量的多少。

本法适用于亚硝酸盐中毒猪的现场快速检验。

眼液、血清(浆)及血滤液反应明显,可作临床辅助诊断的主要指标,尤以眼液用棉签吸附检样更为方便。尿液也是良好的检材。

3.剩余食物、呕吐物或胃内容物作亚硝酸盐定量测定

按亚硝酸盐的定量测定方法(GB 13085—91)执行。

(1)测定原理。样品在微碱性条件下除去蛋白质,在酸性条件下试样中的亚硝酸盐与对氨基苯磺酸反应,生成重氮化合物,再与 N-1-萘乙二胺盐酸盐偶合形成红色物质,进行比色测定。

(2)试剂和溶液。本测定方法所用试剂均为分析纯,水为蒸馏水或相应纯度的水。

①四硼酸钠饱和溶液:称取 25 g 四硼酸钠($Na_2B_4O_7 \cdot 10H_2O$),溶于 500 mL 温水中,冷却后备用。

②10.6%亚铁氰化钾溶液:称取 53 g 亚铁氰化钾[$K_4Fe(CN)_6 \cdot 3H_2O$],溶于水,加水稀释至 500 mL。

③22%乙酸锌溶液：称取 110 g 乙酸锌[$Zn(CH_3COO)_2 \cdot 2H_2O$]，溶于适量水和 15 mL 冰乙酸中，加水稀释至 500 mL。

④0.5%对氨基苯磺酸溶液：称取 0.5 g 对氨基苯磺酸($NH_2C_6H_4SO_3H \cdot H_2O$)，溶于 10%盐酸中，边加边搅，再加 10%盐酸稀释至 100 mL，贮于暗棕色试剂瓶中，密闭保存，1 周内有效。

⑤0.1% N-1-萘乙二胺盐酸盐溶液：称取 0.1 g N-1-萘乙二胺盐酸盐($C_{10}H_7NHCH_2NH_2 \cdot 2HCl$)，用少量水研磨溶解，加水稀释至 100 mL，贮于暗棕色试剂瓶中密闭保存，1 周内有效。

⑥5 mol/L 盐酸溶液：量取 445 mL 盐酸，加水稀释至 1 000 mL。

⑦亚硝酸钠标准储备液：称取经(115±5)℃烘至恒重的亚硝酸钠 0.300 0 g，用水溶解，移入 500 mL 容量瓶中，加水稀释至刻度，此溶液每毫升相当于 400 μg 亚硝酸根离子。

⑧亚硝酸钠标准工作液：吸取 5.00 mL 亚硝酸钠标准储备液，置于 200 mL 容量瓶中，加水稀释至刻度，此溶液每毫升相当于 10 μg 亚硝酸根离子。

(3)仪器、设备。

①分光光度计：有 10 mm 比色池，可在 538 nm 处测量吸光度。

②分析天平：感量 0.000 1 g。

③恒温水浴锅。

④实验室用样品粉碎机或研钵。

⑤容量瓶：50(棕色)，100，150，500 mL。

⑥烧杯：100，200，500 mL。

⑦量筒：100，200，1 000 mL。

⑧长颈漏斗：直径 75～90 mm。

⑨移液管：1，2，5，10，15，20 mL。

(4)测定步骤。

①试液制备：称取约 5 g 试样(饲料、胃内容物、呕吐物)，精确到 0.001 g，置于 200 mL 烧杯中，加约 70 mL 温水[(60±5)℃]和 5 mL 四硼酸钠饱和溶液，在水浴上加热 15 min[(85±5)℃]，取出，稍凉，依次加入 2 mL 10.6%亚铁氰化钾溶液、2 mL 22%乙酸锌溶液，每一步须充分搅拌，将烧杯内溶液全部转移至 150 mL 容量瓶中，用水洗涤烧杯数次，并入容量瓶中，加水稀释至刻度，摇匀，静置澄清，用滤纸过滤，滤液为试液备用。

②标准曲线绘制：吸取 0，0.25，0.50，1.00，2.00，3.00 mL 亚硝酸钠标准工作液，分别置于 50 mL 棕色容量瓶中，加水约 30 mL，依次加入 2 mL 0.5%对氨基苯

磺酸溶液、2 mL 盐酸溶液，混匀，在避光处放置 3～5 min，加入 2 mL 0.1%N-1-萘乙二胺盐酸盐溶液，加水稀释至刻度，混匀，在避光处放置 15 min，以 0 mL 亚硝酸钠标准工作液为参比，用 10 mm 比色池，在波长 538 nm 处，用分光光度计测其他各溶液的吸光度，以吸光度为纵坐标，各溶液中所含亚硝酸根离子质量为横坐标，绘制标准曲线或计算回归方程。

③测定：准确吸取试液约 30 mL，置于 50 mL 棕色容量瓶中，从"依次加入 2 mL 0.5%对氨基苯磺酸溶液、2 mL 盐酸溶液"起，按上一步的方法显色和测量试液的吸光度。

(5)测定结果。

①计算公式：

$$X=m_1\times[150/(V\times m)]\times 1.5=[m_1/(V\times m)]\times 225$$

式中：X——试样中亚硝酸盐(以亚硝酸钠计)含量，mg/kg；

V——试样测定时吸取试液的体积，mL；

m_1——V mL 试液中所含亚硝酸根离子质量，μg(由标准曲线读得或由回归方程求出)；

m——试样质量，g；

1.5——亚硝酸钠质量和亚硝酸根离子质量的比值。

②结果表示：每个试样取 2 个平行样进行测定，以其算术平均值为结果。结果表示为 0.1 mg/kg。

③重复性：同一分析者对同一试样同时或快速连续地进行 2 次测定，所得结果之间的差值，在亚硝酸盐含量小于或等于 1 mg/kg 时，不得超过平均值的 50%；在亚硝酸盐含量大于 1 mg/kg 时，不得超过平均值的 20%。

4. 血液高铁血红蛋白测定

按 GB 8788(血液高铁血红蛋白定量测定法)执行。

(1)原理。高铁血红蛋白在波长 630 nm 处有一特有的吸收光带，当加入氰化物后，高铁血红蛋白即转化为氰化血红蛋白，此吸收光带亦随即消失。因此加入氰化物前后用分光光度计(或光电比色计)测定其吸光度之差，按标准计算高铁血红蛋白的含量。

(2)试剂。

①1/15 mol/L 磷酸氢二钠溶液：准确称取 $Na_2HPO_4\cdot 12H_2O$ 23.87 g，用蒸馏水溶解稀释至 1 L。

②1/15 mol/L 磷酸二氢钾溶液：准确称取 KH_2PO_4 9.07 g，用蒸馏水溶解稀

释至 1 L。

③1/60 mol/L pH 6.6 磷酸盐缓冲液：量取 1/15 mol/L 磷酸氢二钠溶液 3.75 mL，1/15 mol/L 磷酸二氢钾溶液 6.25 mL，蒸馏水 30 mL，混合后即可使用（此液用时配制）。

④5%（W/V）氰化钾（钠）溶液。

⑤5%（W/V）高铁氰化钾溶液。

⑥1% triton X-100（辛烷基酚聚氧乙烯醚）溶液。

（3）操作步骤。取 2 支小试管，以“A”“B”编号，各加 1/60 mol/L pH 6.6 磷酸盐缓冲液 4.5 mL，被检查末梢血 40 μL，0.5 mL 1% triton X-100。“A”管于 630 nm 波长，以磷酸盐缓冲液或蒸馏水调零测得吸光度为 D_1 后，加入 5%氰化钾（钠）溶液 50 μL，混匀，放置 2 min，以同样波长测得吸光度为 D_2。

“B”管加入 5%高铁氰化钾溶液 50 μL，在 2～5 min 后，在 630 nm 波长处测得吸光度为 D_3，然后加入 5%氰化钾（钠）液 50 μL，混匀，放置 2 min，以同样波长测得吸光度为 D_4。

（4）计算方法。高铁血红蛋白/总血红蛋白（%）$=(D_1-D_2)/(D_3-D_4)\times 100\%$。

（5）方法说明。

①高铁血红蛋白形成后，由于红细胞中还原酶的存在，可使高铁血红蛋白逐渐还原消退，因此必须立即采样，若现场不能分析，可将抗凝血直接采于缓冲液内，贮存在 2～4℃冰壶内（保存期不超过 10 h），带回实验室测定。抗凝剂以肝素为佳，禁用草酸盐，因其会导致高铁血红蛋白生成。

②本法必须使用分辨能力强的分光光度计，而且在使用前必须校验分光器的波长是否准确。

③全血在加入试剂后，血细胞破坏。由于少量碎片的存在，使溶液发生混浊，影响吸光度，使用非离子表面活性剂 triton X-100 稀释液，或经过离心步骤可克服血红蛋白的混浊。

八、判定原则

（1）符合流行病学调查的特点，确认中毒由亚硝酸盐引起。

（2）临床表现（黏膜发绀，血液酱油色，呼吸困难，肌肉震颤，末梢冷厥等）符合亚硝酸盐中毒的特点。

（3）剩余食物或呕吐物中检出超过限量的亚硝酸盐。

（4）血液中高铁血红蛋白含量超过 10%。

九、救治方案

(1)动物开始出现中毒表现后,由学生提出救治方案,并写出治疗处方。

(2)在动物表现出典型临床症状后,开始进行救治。

(3)记录开始救治的时间,采取的救治方法,用药情况以及救治后动物症状改善情况和救治结果。

(4)处理原则。对中毒动物的急救治疗主要包括:

①急救:催吐、洗胃、清肠;

②对症治疗;

③特殊治疗。

(5)参考治疗方案。

①催吐:口服或灌胃给予1%硫酸铜溶液(单胃动物)。反刍兽可实行瘤胃切开术,取出胃内容物。

②洗胃:用清水或0.1%高锰酸钾溶液洗胃,促进毒物排出。

③清肠:投服植物油,每千克体重2.5 mL,或硫酸钠每千克体重0.5 g,可缩短硝酸盐和亚硝酸盐在胃肠道内停留的时间,并可减少硝酸盐变为亚硝酸盐。

④特效解毒药:特效解毒药为美蓝(亚甲蓝),猪的用量是每千克体重为1~2 mg,牛、羊是每千克体重为8 mg,配成1%溶液静注或分点肌肉注射(使用时不可过量);也可用5%的甲苯胺蓝液每千克体重用5 mg,静脉注射,也可肌肉注射和腹腔注射。

⑤辅助治疗:维生素C与高渗葡萄糖对亚硝酸盐中毒具有较好的辅助疗效。维生素C用量:猪、羊0.5~1 g,牛3~5 g,肌肉或静脉注射。

十、分析与讨论

(1)学生分组讨论本病发生的病因和发病机理。

(2)诊断讨论。

①教师提问,学生回答对怀疑发生亚硝酸盐中毒的病例,问诊时应注意哪些要点。

②由教师结合本病例以提问的方式诱导学生讨论动物亚硝酸盐中毒的主要临床症状。

③由学生开出实验室检查单,写明对本病建立诊断需要做哪些检测项目。

④鉴别诊断讨论:动物亚硝酸盐中毒与其他相似的疾病如氢氰酸中毒和一氧

化碳中毒如何鉴别诊断？

(3)治疗讨论。

①对怀疑发生亚硝酸盐中毒的病例，应采取哪些急救措施？

②使用美蓝对本病进行解毒的机理是什么？

十一、实验注意事项

(1)对动物发病前、发病后和治疗后的临床体格检查应全面，并做详细的记录。

(2)灌胃给药或洗胃过程中注意避免把药液误灌入气管中。

(3)建立诊断时注意将本病与一些相似的疾病进行鉴别诊断。

(4)治疗要及时，一旦动物出现典型临床症状后立即实施治疗，否则动物有可能很快中毒死亡，导致实验提前结束。

(5)使用美蓝解毒时，要严格按照推荐剂量使用，不可过量，因过多的美蓝发挥氧化作用，可使亚铁血红蛋白变为高铁血红蛋白，加重病情。

(6)实验室检验严格按照操作步骤进行，任何马虎大意都有可能造成检验结果的不准确。

(7)亚硝酸盐检测所用水和试剂纯度要高，器皿要清洗干净(泡酸缸，蒸馏水洗)，否则水和容器中所含的痕量亚硝酸根离子可使检验结果出现假阳性或含量升高。

十二、作业

详细记录病例复制及诊疗过程，写出实验报告。

参考文献

[1] 唐兆新. 兽医临床治疗学[M]. 北京:中国农业出版社,2002.

[2] 唐兆新. 兽医内科学实验教程[M]. 北京:中国农业大学出版社,2006.

[3] 王建华. 兽医内科学[M]. 4 版. 北京:中国农业出版社,2010.

[4] 王建华. 兽医内科学实验指导[M]. 北京:中国农业出版社,2012.

[5] 王小龙. 兽医内科学[M]. 北京:中国农业大学出版社,2004.

[6] Richard W Nelson, C Guillermo Couto. 小动物内科学[M]. 夏兆飞,张海彬,袁占奎,主译. 北京:中国农业大学出版社,2012.

[7] 徐世文,唐兆新. 兽医内科学[M]. 北京:科学出版社,2010.

[8] 徐世文. 兽医临床诊疗基础[M]. 3 版. 北京:中国农业出版社,2012.

[9] Drobatz Kenneth J, Hopper Kate, Rozanski Elizabeth A, et al. Textbook of small animal emergency medicine. Wiley-Blackwell, 2019.

[10] Kit Sturgess. Pocket handbook of small animal medicine. Manson Pub, 2012.

[11] Merrill Linda Lee. Small animal internal medicine for veterinary technicians and nurses. John Wiley & Sons, 2012.

[12] Nick Bexfield, Karla Lee. BSAVA guide to procedures in small animal practice. England: BSAVA, 2010.

[13] Rhea V Morgan. Handbook of Small Animal Practice. Saunders, 2007.

[14] Stephen J Ettinger, Edward C Feldman, Etienne Cote. Textbook of Veterinary Internal Medicine. Saunders, 2017.